一からわかる

人類と日本人の起源

加藤 長

同時代社

はじめに

後期高齢者になって医療保険の負担が下がったと思ったら、友人・知人の訃報がハガキや新聞の死亡欄等で急に増えた感じになった。日本人の平均寿命は男性は八一歳、女性は八八歳くらいだから、余命は少ないことにやっと気づかされた（大分ボンクラだ）。茨木のり子の詩集で「さくら」という題の詩を読んだら「ことしも生きてさくらを見ています　ひとは生涯に何回ぐらいさくらを見るのかしら」と出てきてギョッとした。私が桜を見るのはもう二、三回。多くても四、五回。そんなに少なくなっているのだ。

その短い余命ですべきことは何か？　エンディング・ノートや終活なんかは簡略にして、死の悲しみや恐怖に備えることの方が先決だ。そこで、思い当たったのは、二〇世紀のイギリスの哲学者バートランド・ラッセルのエッセイの中にあった宇宙論である。ラッセルは、「死の恐怖を克服するもっとも良い方法」として、「諸君の生命が次第に宇宙の生命に没入するようにすること」をあげていた。抽象的な表現であるが、自分は人類の何百万年もの進化の期間内で、宇宙の中の太陽系の生命体として誕生し、数十年を地球で生かしてもらったのが客観的な事実だろう。

私は科学者ではないから、宇宙のビッグバンに関する難しい議論も、生命の誕生についても、霊長類からホモ・サピエンスへの進化についても、わからないことだらけだ。

難しい議論に入りかけたが、初めにこの本を書く動機の一つとして、ラッセルの宇宙論をあげておきたい。人類と日本人の起源として科学的にわかっていることと、未解明なことを整理してみるのがこの本を書く第一の動機である。

次の動機は、一九世紀のフランス人後期印象派の画家であるポール・ゴーギャンが、晩年にタヒチで描いた絵画の大作の表題「我々はどこから来たのか　我々は何者か　我々はどこへ行くのか」に触発されたことである。ボストン美術館所蔵のゴーギャンのこの絵画は、世界的に有名であるが、それにも増して絵画の表題が、私の現在の問題意識そのものだ。ゴーギャンがこの絵を描いた一九世紀末には、ジャワ原人がインドネシアで発見され、人類学が二〇世紀に大きく発展する契機になった。ゴーギャンの絵画の表題のような疑問は、それから一世紀以上にわたって、多くの人類学者や生物学者、芸術家たちに共有されたようだ。私もディレッタントとして、その一員になりたいと考えた。

ジャワ原人を一八九〇年代初頭に発見したウジェーヌ・デュボワ（オランダ人軍医、人類学者）は、発見したジャワ原人を「ピテカントロプス・エレクトス」と名付け、全世界で原人の代表格にされた。一九六〇年代の私の高校時代の世界史教科書では、ジャワ原人、北京原人は、古代人類の代表とされていたが、現在では、いずれもホモ・エレクトスというアジアの共通の原人として区分されている。この六〇年間に人類学は大きく様変わりし、アフリカを人類の「揺籃《ようらん》の地」とする「アフリカ単一起源説」が通説となり、旧来の「多地域進化説」は補助的存在になっている。

もう一つ、この本を書く動機になっているのは、イギリスのチャールズ・ダーウィンが一八五九年に出版した『種の起源』に触発されたことである。『種の起源』の出版は今から一五〇年以上前（日本でいえば江戸時代末）であるが、人類の起源を宗教ではなく、科学によって考察する道を切り開いた。二一世紀の初めにかけて、遺伝学（分子人類学）が進展したことで、人類の起源の解明は大きく進展している。

この本では、新しい科学的学説で定説化しているものを基本にしながら、人類学、遺伝学の流れを整理するようにしたい。また、ホモ・サピエンスが三万八〇〇〇年前に日本列島に渡来してからの先史時代の活動についても振り返ってみたい。

人類学は、科学の一分野として日進月歩で進んでいるが、本書が、人類の来し方、行く末に興味を抱いている人たちに少しでも役立つことを期待したい。

絵：ポール・ゴーギャン（フランスの画家）
題名：我々はどこから来たのか　我々は何者か　我々はどこへ行くのか
制作年：19世紀末

一からわかる　人類と日本人の起源／目　次

第一部コラム

第二部コラム

第一部　人類の起源

第一章　霊長類の誕生とダーウィンの挑戦

第一節　ビッグバンから地球と人類の誕生まで

宇宙について語る時、最近は約一三八億年前の宇宙のビッグバン（大爆発）から始めるのが一般的なようである。この説は、一九四六年にジョージ・ガモフ（オデーサ生まれのアメリカ人）によって提唱されたもので、「宇宙は小さな一点から始まり膨張した」というものだった。それによると、宇宙は超高温高圧の「火の玉」から誕生し、膨張して現在の姿になった、宇宙ができた時の最初の温度は一〇の三〇乗・度だったが、膨張する過程で温度が下がり三分後には一〇億度になった。残った物質は「素粒子」をつくり水素やヘリウムなどの軽い元素を合成していった。その後さらに温度が下がりバラバラにまわっていた電子は原子核に捕らえられ原子が生まれ、やがて星などがつくられた、そして、宇宙誕生から十数億年後にあちこちで銀河が生まれ銀河系に成長していった。しかし、この理論には矛盾があるとして、修正のために「インフレーション」理論がつくられ、他方ドイツの物理学者アインシュタインによって「相対性理論」が提唱されている。

アメリカの歴史学者デイビッド・クリスチャンは、その著書『オリジン・ストーリー　一三八億年全史』の中で、宇宙の生成について次のように指摘している。

「私たちの宇宙は原子よりも小さな点として始まった。それはどれほど小さかったのか？人間という種の頭脳は、自分のスケールのものに対処するために進化したので、これほど小さいものはピンとこないが、参考までにいうと。英文の終わりに来るピリオド一つには原子を百万個詰め込める。ビッグバンの瞬間宇宙全体は原子一個よりも小さかった。その中に今日の宇宙に存在するエネルギーと物質がすべて押し込まれていた。……この奇妙な極小の、信じがたいほど高温の物体が、およそ一三八億二〇〇〇万年前に本当に存在していたことを、現時点で手に入る証拠のすべてが物語っている」

「その物体がなぜ、どのようにして出現したかはまだわかっていない。だが、量子物理学によれば、真空では本当に無から何かが出現しうるというし、粒子加速器もそれをしめしている。ただし、それが意味するところを把握するには、『無』の高度の理解が必要とされる」

「ビッグバン直後の数秒から数分の間には多くのことが起こった。なかでも一番重要なのは、最初の興味深い構造やパターンが出現したことだ。固有の非ランダムな形状と属性を持った最初の存在物あるいはエネルギーが現れたのだ。固有の新しい特性を備えたものの出現は、いつも魔法のように不思議に思える」

「ビッグバンの極端な高温の中では、ほとんどどんなことも可能だった。だが温度が下がるにつれ・可能性の幅が狭まった」

ビッグバンについては、いろいろ議論があるが、本書のテーマは人類の有史以前の進化の歴史と環境への適応について述べることにあるので、導入部である「宇宙の誕生」は出来るだけ簡略化して、地球と生命、人類の誕生に早く到達するようにしたい。宇宙には有限説と無限説があるが、この問題に深入りすることも当面やめておく。

年表風に述べると、ビッグバンの後、今から九〇億年前の銀河系の誕生に続き、さらに四六億年前には太陽系と地球等の惑星の誕生となる。宇宙空間に漂うガス（気体）とダスト（個体）を材料にして、長い年月をかけて壮大な進化の物語を経て、水が液体として存在できる惑星になったのが地球であり、そこで海ができることになる。太陽系は銀河系の中心ではなく、むしろ銀河系の辺縁に近い方に位置していることもわかってきた。つまり、われわれが住んでいる地球や太陽系は決して銀河系でも中心ではないことが明らかになってきたわけである。

前述の『オリジン・ストーリー　一三八億年全史』は、銀河系の恒星、太陽系の惑星等について次のように述べている。

「誕生した恒星は一つだけではなかった。物質が密集した領域のそれぞれに、何千億もの恒星があって、私たちが『銀河』と呼ぶ巨大な恒星の都市の数々が、今やきらめき始め、原始の宇宙の闇を照らしだした」

「恒星と銀河のあるこの宇宙は、最初の原子が存在していた宇宙とは大違いだ。今や宇宙には小さなスケールだけではなく、宇宙全体が以前より複雑になったということができる。銀河どうしの間には暗くて何もない領域が広がり、銀河の内側には明るく高密度の領域がある。銀河は物質とエネルギーに満ちているのに対して、銀河どうしの空間は冷たくて何もない」

「ビッグバンの一〇億年後、すでに宇宙は、幼い子供のように興味深い振る舞いをみせていた。だが、化学的には退屈極まりなかった。水素とヘリウムしかなかったからだ」

「惑星系の形成は、複雑で混沌とした過程であり、惑星系は、化学物質が豊富な宇宙の領域で、恒星が形成されるときの副産物だ。ビッグバンから何十億年も後、星間空間は多くの異なる化学元素を含む物質の雲で満ちていた。水素とヘリウムが依然としてこれらの雲の九八％を占めていたが、残る二％が大きな違いを生んだ。……今、私たちがいる領域では、約四五億六七〇〇万年前、近くで超新星爆発が起こり、あたりを揺るがせ、ガスと塵《ちり》の巨大な雲が収縮を始め、それが重力の手助けをしたかも知れない」

地球の海ではやがてタンパク質と核酸を材料にして有機物である生命が誕生する。生命の起源については、一世紀ほど前にロシアのオパーリンが「単純な物質から複雑な物質」への進化の理論を提唱して以来、全世界で多くの研究者により生命誕生の謎の解明の努力が続いている。研究者たちは触媒として雷や宇宙線などさまざまなものを使って実験しているが、依然として生命の誕生の謎は解明されていない。それゆえ、「人類の誕生」に行き着く前に、「宇宙の誕生」、「生命の誕生」という、気の遠くなるような大きな謎が横たわっているわけである。

宇宙と地球の時間的、空間的距離については、およそ我々の日常の生活単位と異なっているが、その例を示すために、『地球進化四六億年の物語』（アメリカの地球物理学者ロバート・ヘイゼン著）から若干引用してみたい。

「およそ四六億年前の地球の誕生は、宇宙の歴史の中で何兆回と繰り返されたドラマだった。どの恒星も惑星も、わずかなガスと塵が漂う真空に近い空間の中で生まれた。個々の物質の粒子は肉眼では見えないほど小さいが、全体的としては広大な空間におよび、星を形成する雲が銀河の半分に広がっているのがわかる。何十億年も前、太陽系の誕生には重力がひと役買っている。太陽は、軌道を回る惑星の子供たちの中で、唯一の巨大な恒星として生まれた。太陽の表面では巨大な核反応が起こり、近くの惑星に光と熱を浴びせた。そのおかげで、私たちの故郷たる地球も、生命体の棲む世界に向かって頼りない一歩を踏み出すことができたのだ」

「そのような壮大な出来事は、ふつうとは違うことに思えるかもしれないが、地球の形成につながったのと同じような現象は、日常的に起こっているのだ。人間の体もその住まいも、地球をつくっているのとまったく同じ元素でできている。恒星や惑星の元の塵やガスを集め、元素を星にまとめあげたのと同じ重力が私たちを、この地球につなぎとめている。一般的な物理学や化学の法則も、地球で初めて生まれたものではない」

「岩石、星、生命が語る教訓も同じように明確だ。地球を理解するには、人間の生活を基準とした、ちっぽけな時間的、空間的スケールとは縁を切らなければならない。宇宙には何千億という銀河があり、それぞれに何千億という星が存在する。私たちはその宇宙でも類を見ない、小さな世界にすんでいるのだ。同じように、私たちはできてから何千億日もたっている宇宙の中で日々を送っている」

国立科学博物館に陳列された恐竜の骨

生命の起源は約三五億年前で、海で誕生し、やがて単細胞生物の誕生から複雑な生物へと進化し、生物は海から陸上に上がるようになった。生命が誕生したのは、地球の誕生後比較的早い時期であり、生命体が陸上に住むようになるのに一億年かかったといわれ、五〜四億年前に脊椎動物が生まれ、最初の哺乳類誕生は約二億五〇〇〇万年前、最初の霊長類（サルの仲間）誕生は約六〇〇〇万年前とされている。霊長類の誕生は、宇宙のビッグバンから数えると、一三八億年前という気が遠くなるような「億年」の単位から、数千万年前という「万年」の単位に大きく変わっており、ある意味では、かなり現代に近づいてきている時期とみることができる。

　恐竜が地球上に出現したのは、今から二億四〇〇〇万年前の中生代で、絶滅するのは一億年〜六〇〇〇万年前であるから、恐竜と哺乳類はかなりの期間、地球上で共存していた。恐竜は、科学博物館でも、映画や漫画、絵本等でもしばしば登場し、大きいスペースを占め、「怪獣」や「空を飛ぶ鳥」に化けたりもするが、さまざまな理由から人類のように長く生き残ることはできず絶滅している。恐竜の骨格は、東京・上野の国立科学博物館でも、特別大きいスペースを割いて展示されている。

哺乳類は、恐竜（大型爬虫類）が地球上を跋扈《ばっこ》・支配していた時代は、恐竜と競合しないように夜行性で色彩感覚が乏しかったといわれるが、恐竜が絶滅（小惑星あるいは隕石が地球に衝突し、その影響で光合成が行われにくくなったためといわれる）した後は、昼行性動物として地球上の「市民権」と「覇権」を獲得していった。その後、地球上で大陸が再編成されて、現在のような大陸の分布に分かれる中で、哺乳類の中から霊長類（正確には霊長目、サルの仲間）が分化し、ユーラシアとアフリカ大陸を主要な舞台にして地球全体に拡散していった。

形質人類学者の埴原和郎・元東大教授は、霊長類の変遷について著書（『人類の進化史』）のなかで、次のように書いている。

「（哺乳類は）樹上生活に適応して、ついに初期の霊長類を生んだのである。木の上で生活すると、天敵に対して陸上に比べてはるかに安全である。木登りの専門家ともいえるサルの特殊な能力は、このように数千万年前に獲得され、徐々に洗練されてきたのである。約一〇〇〇万年のちには、陸続きだったヨーロッパ大陸まで広がった」

「三四〇〇万年ほど前には、最古の高等霊長類を生むにいたった。原猿類は現在アフリカとマダガスカルに細々と暮らしている原始的なサル。これに対し真猿類はユーラシア、アフリカ大陸で生まれ、サルらしい外観を備えるようになった。ニホンザル、タイワンザルなどのマカク属やヒヒの仲間、類人猿や人類の同じ仲間に分類される。三〇〇〇万年にもわたる進化を土台とする類人猿化石の特徴は歯によく現れている。歯の数はわれわれと同じで乳歯が二〇本、永久歯が三二本となった。切歯、犬歯、小臼歯、大臼歯の数も同じである」

「好ましい環境は高温多湿の熱帯降雨林で、木の上を住みかとして森林に育つ動植物を栄養源として生き、また進化してきた。しかし、気候は意外に早いペースで変動し、森林も盛衰を繰り返した」

「三四〇〇万年前（漸新世）から一〇〇〇万年前（中新世）にかけて類人猿は多くの種にわかれ、個体数を増やし、また分布域を広げた」

「このような危機はユーラシア、アフリカ大陸でも繰り返された。そのたびに一部のサルは絶滅し、他の一部は生き残り、さらにごく少数の者が次の段階へと進化した。二三〇〇万年まえになると、高等なサル、類人猿の仲間がヨーロッパ、アジア、アフリカの広大な地域に拡散し、とくにアフリカ東部では類人猿への進化が目覚ましく進んだ」

生物のうち植物については、光合成が始まるのは約二〇億年前、約四億年前には海から地上に上り、陸地を移動したりしているから、脊椎動物より早くから地球上に存在している。太陽光をエネルギーとした、この植物の光合成によって、酸素が補給され、石炭、石油、ウラン（原子力発電所の稼働）なども人類に供給されるようになった。

霊長類の進化

人間を含むサルの仲間で、約五〇〇〇ある哺乳類のうち、三〇〇種類が霊長類である。霊長類の多くは、樹上生活をしており、草食・雑食である。昼行性で、多くは熱帯から温帯の地域に住んでいる。手足は合計で四本あり、普通は四本の手足を使って移動するが、高度に進化した人類は直立二足歩行をしている（その中間に両手を使ったナックル歩行をしている一部の類人猿がいる）。霊長類の手足の指は五本あり、親指と他の四本の指が向かいあっている（このため、物をつかむのに便利である）。

霊長類のうち、人間に近いのが、アフリカに住んでいるチンパンジーとボノボ、ゴリラ、インドネシアに住むオランウータン、アジアのテナガザルである。中でも、チンパンジーはDNAが人間にもっとも近く、ヒトはアフリカでチンパンジーから分岐して共通の祖先から誕生したとされている。分子人類学では、チンパンジーのDNAの配列はヒトと九八・八％まで共通しており、DNAで違う部分は全体のわずか一・二％で、「調節遺伝子」といわれる部分に違いがみられるだけだといわれている。

また、アフリカ東海岸沖のマダガスカルにはいくつもの固有種のサルが住んでいる。日本の面積の一・六倍のマダガスカルの原猿類は、全世界の霊長類の四分の一の五科二二属九九種に上り、かつてはゴリラ・クラスの大型のものも住んでいて、変化に富んでいた。アフリカとマダガスカルは、かつては一億年にわたって孤絶していた時代があったことも、多数のサルの生息地となってきたことと関連しているとみられている。

約五〇〇〇万年前に誕生した霊長類は、その後さまざまに進化する中で、絶滅するものが多数出る反面、類人猿に近づくものが出てくる。地球上に類人猿が出現するのは二三〇〇万年前、最盛期が一六〇〇万年前とされている。それを過ぎると、類人猿は次第に人類の初期の猿人と分化し衰退に向かうが、その中で、チンパンジー・小型チンパンジーのボノボのように、類人猿として独自の種を維持して生き残るものと、進化して現生人類に近づくものとの分岐が生じる。

東京・上野動物園のニホンザル

他方、前述の『オリジン・ストーリー』（D・クリスチャン著）は、霊長類について、他に類を見ないほど脳が発達していることを強調し、次のように述べている。

「その脳は体の割に並外れて大きく、最表層の大脳新皮質は巨大とも言える。哺乳類の大半の種では、皮質は脳全体の大きさの一〜四割ほどだ。ところが霊長類ではその割合は半分を超え、人間では八割にも達する。人間は皮質ニュートロンの数そのものについても群を抜いている。人間の皮質ニュートロンは約一五〇億個を数え、チンパンジー（約六〇億個）の二倍以上だ」

「では、霊長類の脳がそれほど大きいのはなぜだろう？　理由はわかりきっているように思えるかもしれない。……脳は体重の二％でしかないのに、体内で利用可能なエネルギーの一六％を消費している。だからこそ、筋力と頭脳のどちらかを選択するとなれば、進化はたいてい脳よりも筋肉を好んできた。そして、非常に大きな脳を持つ種はごくわずかなのだ」

「霊長類の脳は、コストに見合うだけの働きをしているようだ。器用な手足を操るには、大きな脳が必要なのだ。また視覚におおいに依存した種では、画像処理にも欠かせない。……だがさらに重要な要因として、霊長類は社会性が高いことが挙げられる。これは集団で生活すれば保護と支援を得られるためだ」

人類学者の埴原和郎元教授は、類人猿について次のように説明している（『日本人の誕生』）。

「森林は盛衰を繰り返した。一部のサルは絶滅し、他の一部は生き残り、次の段階へと進化した。とくに東アフリカで、類人猿の進化がめざましく進んだ。人類への道は厳しく、失敗の連続だった」

「類人猿は一〇〇〇万年前頃から急速に数を減らし始め、このころヨーロッパのサルは絶滅してしまった。この時期、類人猿がかろうじて生き残ったのはアフリカ東部とアジア南部の一角である。アフリカはチンパンジーとゴリラ、アジアではオランウータンとテナガザルの姿が明瞭になった」

「猿人という初期段階の人類化石が発見されたのは一九二四（大正一三）年。以後一〇〇年で人類進化の研究は著しい成果をあげた」

現在では化石の研究によって、人類はおよそ七〇〇万年前にチンパンジーとの共通の祖先から枝分かれして、二〇〇万年ほど前に現在のホモ・サピエンスに進化したことが明らかになっている。ホモ・サピエンスは、現在生存している生物種としては、霊長目、ヒト科、ヒト属（ホモ属）に属する唯一の種である。もっとも近い関係にあるのは、オランウータン科としてまとめられている類人猿（チンパンジー、ゴリラ、オランウータン：前二者はアフリカ居住、オランウータンはインドネシアのボルネオ、スマトラ居住）である。

ヒトを含めてこれらの四者の中では、客観的な指標であるDNAでオランウータンがもっとも離れており、ヒトとチンパンジー、ゴリラがアフリカ原産の別グループとして数えられている。

時代を七〇〇〜五〇〇〇万年遡ると、アフリカにはホモ・サピエンスの出現までに多くの人類が共存していたことがわかっているが、大半が絶滅の途を辿っている。一番最後までホモ属としてホモ・サピエンスと類似した地域（アフリカを除く中東、ヨーロッパなど）に残っていたのはネアンデルタール人（旧人）であった。しかし三〜四万年前にはネアンデルタール人も絶滅し、ホモ・サピエンスだけが現生人類として生き残り、現在では世界中に拡散し、人口が合計八〇億人にまで増加している。

ネアンデルタール人については後に詳述するが、ホモ・サピエンスと分岐したのは六〇〜五〇万年前とわかっており、ホモ・サピエンスの最古の化石が発見されたのは三〇〜二〇万年前のアフリカのものであるが、誕生の経緯や初期の姿かたちについてはほとんどわかっていない。しかし、ほぼ二〇万年前に新人が誕生してからは、現在のわれわれホモ・サピエンスと同様な姿かたちをしていたことは確実とされている。

ホモ・サピエンス誕生の舞台となるのは、サハラ砂漠以南のアフリカ大陸であり、アフリカ大陸では一九世紀後半以来、多くの化石が発見され、現生人類（ホモ・サピエンス）以前の多くの古い遺骨が発掘されている。また、ＤＮＡについても、アフリカは類人猿や霊長類の多様性が豊富である。

しかし、この間の生物の進化と環境への適応の中で、多くの種が絶滅したとされており、絶滅した動物種の方が生き残った種よりもはるかに多いとみられている。地球上には数百万種の生物が存在するといわれているが、この驚くべき数の生物が、生存と環境適応をしながら進化をしてきたわけで、進化できずに絶滅する種は多数に上るといわれる。

アメリカの地球物理学者ロバート・ヘイゼン教授は、著書『地球進化四六億年の物語』の中で、現生人類は「氷河期」によって鍛えられた、として、以下のように書いている。

「これらの氷河期が驚くべき進化へとつながった可能性がある。ある理論によると、気温が低い環境では、母親のすぐそばにいる子や、頭の大きな子の方が生き残る確率がたかくなる（頭が大きい方が熱を失いにくいから）。頭が大きくなれば脳が大きくなる。〝道具をつくるヒト〟という意味のホモ・ハビリスが、二五〇万年前の大規模な氷河期の直後に出現したのは、おそらく偶然ではない」

「氷河期に挟まれた数千年、人類は繰り返される変化に耐え、適応してきた。氷が広範囲に広がったあとにはいつになく暖かい〝間氷期〟が訪れる。旱魃のあとに洪水が起こる。海が大幅に後退したあと、同じくらい前進する。このような変化には何世代にもわたる長い時間がかかるので、ヒトはその間に移動して生き延びることができた。そのような適応が見られるのは、進化する地球に対応できる最近の生物だけだ」

それゆえ、現生人類（ホモ・サピエンス）が環境への適応と進化の結果、地球上に生き残り、一万数千年前（完新世の前）までには南極を除く世界の五大陸のすべてと周辺の島々に移住を終え、現在では地球上の総人口八〇億人以上、二〇五〇年代には推定で一〇〇億人の隆盛期を築こうとしているのは、ある意味では当然の面もあるが、別の意味では「奇跡」に近いということができる。

ところで、一九七〇年代までは、人類は遅くとも二〇〇〇万年前には他の類人猿から分岐していたとほとんどの生物学者がみなしていたが、一九六七年に米国のビンセント・サリッ

東京・上野動物園のゴリラ

チ、アラン・ウイルソンの二人の遺伝学者によって、遺伝子の比較によって約八〇〇万年前まで人類とチンパンジー、ゴリラの共通の祖先がいたことが判明している。

以上のように、宇宙の誕生から、太陽系と地球の誕生、生命（動植物）の誕生、そして哺乳類から霊長類、現生人類の誕生とつづく一連の進化の連鎖は、謎と秘密、偶然とみられる部分も多いが、全体が一筋の糸でつながっており、きわめて貴重かつ奇跡的なものと言わなければならない。

また、宇宙と地球の生成、生命の誕生と進化、さらに人類の誕生と進化についての過程は、われわれ個々の現生人類の生涯（長くても一〇〇年余り）と比べて比較できないほどの長い年月（一万倍以上）がかかっており、われわれには未解明で、想像も困難な部分が多いことにも改めて触れておく必要がある。しかし、われわれは、神の存在と手を切り、科学の導きに頼る方向に足を踏み出した以上、その道を歩み続けるしかないだろう。

コラム　宇宙～人類略史年表

一三八億年前……………宇宙の始まり（ビッグバン）
九〇億年前………………銀河系の起源
四五億年前………………太陽系と地球の起源
三八億～三〇億年前……生命の起源（最初の細胞ができる）
一九億三〇〇〇年前……光合成の始まり
一五億年前………………最初の多細胞動物が出現
五億五〇〇〇万年前……カンブリア紀の大爆発
四億二〇〇〇万年前……脊椎動物の始まり
三億八〇〇〇万年前……植物の陸地移住
三億四〇〇〇万年前……動物の陸地移住
二億四〇〇〇万年前……最初の恐竜出現
二億～一億六〇〇〇万年前……最初の哺乳類出現
一億年前…………………恐竜の絶滅始まる
六五〇〇万年前…………恐竜の絶滅
六〇〇〇万～五〇〇〇万年前…最初の霊長類が出現

五五〇〇万年前……………地球温暖化が約一〇万年続いた
二三〇〇万年前……………最初の類人猿が出現
一六〇〇万年前……………類人猿の全盛時代
一〇〇〇万年前……………ゴリラの祖先と思われる大型類人猿出現
七〇〇万年前………………最初の人類（猿人）が出現
二五〇万年前………………ホモ・エレクトス（原人）の誕生。旧石器時代の開始（更新世）
五〇万年前…………………ネアンデルタール人、デニソワ人の進化
三〇万〜二〇万年前………ホモ・サピエンスの登場
六万年前……………………ホモ・サピエンスの出アフリカ。人類の初期拡散
四万六〇〇〇年前…………人類がヨーロッパ、オーストラリアに到達
三万八〇〇〇年前…………ホモ・サピエンスの日本への渡来
三万八〇〇〇年前…………ネアンデルタール人が絶滅
三万二〇〇〇年前…………圓耕と定住の初期
二万年前……………………ホモ・サピエンスがアメリカ大陸に移住
一万六〇〇〇年前…………日本の縄文時代の始まり（青森県で土器が出現）
一万六〇〇〇年前…………歯科医療の最初の証拠
一万五〇〇〇年前…………犬がオオカミから家畜化

一万三〇〇〇年前……………ホモ・サピエンスの農業革命開始。フローレス原人が絶滅
一万二〇〇〇年前……………更新世が終わり、完新世が始まる
一万年前………………………世界で農業革命が進展（農耕と牧畜）
五〇〇〇年前…………………人類の四大文明出現（歴史時代へ）
四千年前………………………シュメール文化で最初の文字が出現
三〇〇〇年前…………………日本で水田稲作が開始される（弥生時代）
二五〇〇年前…………………仏陀が仏教を創設。孔子による儒教創設も
二二〇〇年前…………………秦の始皇帝が中国を支配
二〇〇〇年前…………………キリスト歴の紀元零年（人類の人口は三億人）
一八五〇年前…………………「魏志倭人伝」が女王・卑弥呼を記載
一七〇〇年前…………………日本で古墳時代始まる
一三〇〇年前…………………日本で奈良時代に（日本の人口は五〇〇万人）
七〇〇年前……………………西欧でルネサンス開始
六〇〇年前……………………実験科学の始まり
五〇〇年前……………………コロンブスがアメリカ到達
四〇〇年前……………………東インド会社が英国から認可される
三〇〇年前……………………人類の産業革命

二五〇年前……………フランス革命
一五〇年前……………ダーウィンが『種の起源』を出版。メンデルの法則発見
一二〇年前……………人間が空を飛ぶ（飛行機）
一〇〇年前……………ロシアで最初の社会主義革命
八〇年前……………人類による核兵器使用（広島・長崎）第二次大戦の終結
五五年前……………人類が人工衛星で月に上陸
三〇年前……………ＩＴ革命の始まり

第二節　ダーウィンの『種の起源』と進化論

第一節で、ビッグバンから恒星と地球、生物、霊長類の誕生、類人猿と初期猿人の出現まで述べたが、生物学がこのように霊長類と人類の誕生に注目するようになったのは、一八五九年にイギリスの生物学者チャールズ・ダーウィンが『種の起源』を出版したのが大きい画期となった。ダーウィン以後に、進化論と人類の進化、人類の環境への適応に注目する動きが急速に活発になったのである。

歴史時代になっても、中世から近世の初頭にかけて、西欧社会を風靡したのは、キリスト教

と神学、カトリック教会などであった。近世初頭までは、「地球上の生命はすべて神様がつくりだしたものだ」という考え方が社会を支配し、教会と結びついた国王や貴族たちが統治をおこなっていた。これに公然と異議を唱える者たちは、処刑されたり、教会から破門されたり、社会から追放されたりした。また、キリスト教以外の宗教でも、「生命と人類は神の創造物」という信仰が支配的だった。

しかし、数百万種ある動物の半数以上が昆虫などの虫類であることなどから、「神は人間よりも虫類に関心をよせているのか」と疑問を提起する神学者が中世以降生まれる等の矛盾があちこちで起こり、社会の中では、自然発生的に教会離れ、神離れ、これと関連した王権離れも起こるようになっていった。

こうした動きが公然化した一番初めは、文芸復興（ルネサンス）という形で、絵画や彫刻、音楽、文学などの分野において、イタリア、フランス、イギリス、ドイツなどの諸国で一三世紀ごろから起こったことであった。そして次第に、神離れは、哲学、科学、ユマニズムなどを追求する動きに寄り添う形で発展していった。

その例の一人は画家のレオナルド・ダ・ビンチで、彼は絵画のモデルのデッサンのために解剖学を研究したり、人が空を飛ぶ方法を考案するなど科学の分野にも足を踏み入れるようになった。科学としては、コペルニクスやガリレオ・ガリレイなどが、天文学・地学の追求の中で、天動説に代わって地動説を唱えるようになり、ガリレオは振り子等時性や高倍率の望遠鏡の実験をするなどして、教会の公式の学説に離反していった。ニュートンは、万有引力を発見し、物理学が発展する基礎を築いた。他方、カトリックの腐敗と独善、矛盾に抵抗して、マルチン・ルターやジャン・カルバンらのプロテスタントの動きも生じて、良心的な商工業者などを巻き込み、カトリックに対抗して影響力を広めた。

これに対し、ローマ法王庁は、天動説を批判し地動説を唱える学者、知識人らを強圧的な姿勢で弾圧した。最初に地動説を唱えたポーランド人のコペルニクスは、生存中はローマ法王庁に気兼ねして自己の地動説を教会に知られないように用心深く秘匿し、彼の死後の一五四三年に、ようやく地動説を書いた著書を出版することができた。しかし、これに賛同したナポリ出身のジョルダーノ・ブルーノは、七年間牢獄に入れられ、ローマ法王庁での異端審問の末、天動説を拒否する姿勢に固執したため、一六〇〇年に火刑に処された。さらに、イタリアのピサ出身のガリレオ・ガリレイの地動説についても法王庁は厳しい迫害を加え、一七世紀前半に法王庁はガリレオ・ガリレイに異端審問の宗教裁判を二回にわたって行い、有罪を宣告した。法王庁はガリレイへの宣告については、死刑でなく謹慎刑に減刑したが、地動説を唱えた著書『天文対話』は禁書にされた。ガリレイは精巧な望遠鏡を作製して、月にあばたが多いことや、木星に四つの衛星のあることなどをつきとめたりした。ローマ法王庁がガリレイへの有罪を撤回したのは、実に四〇〇年近く後のヨハネ・パウロ二世（ポーランド出身）が法王時の一九八一年になってからのことである。ガリレイが、こうした弾圧にも屈せず、異端審問で「それでも地球は動く」と呟いたのは、真偽のほどは不確かであるが、有名な場面として後世に伝えられている。

　同時に、こうした科学の発展は、一五世紀ころからコロンブスのアメリカ到着、マゼランの世界一周航海などの地理上の発見や、ヨーロッパ諸国の植民地獲得競争、アフリカから欧米への奴隷貿易、さらには一八世紀の英仏などでの産業革命、アメリカの独立戦争、フランス革命を典型とする政治革命にも結び付いていった。

　これと並行して、生物学の分野では、一八世紀、スウェーデンの博物学者カール・フォン・リンネのように生物の分類に貢献する地味で着実な動きや、フランス人でダーウィンに先立って仏革命前後に「用不用説」といわれる進化論を提唱したラマルク、思想家のJ・J・ルソー、それと「百科全書派」のような博物学者の動き、解剖学と医学に尽力する各国の医学者、芸術家（レオナルド・ダ・ビンチ、ダンテ、ミケランジェロなど）の動きも近世になって活発に起こっていった。しかし、生物学は、物理・天文学などと違って、神が作ったとされる人間（人類）を科学の力で分析、解明し、キリスト教、神学に対抗するものだけに、教会や王権と正面衝突する可能性が強く、また、進化論は、学説として理解できても、数百万年、数十億年の歴史を遡って進化論を検証、主張するのは困難な点もあって、ダーウィンの死（一八八二年、七三歳）後の一九世紀後半から二〇世紀、二一世紀になって、ようやく研究が急テンポで進みはじめ、他の諸科学と比較して大分遅れて発展することになった。

　ダーウィンは、一八〇九年、裕福な医師を父とし、製陶業で身を起こしたウェッジウッド家の娘を母としてイギリスのシュルーズベリーに生まれたが、父親の医業を継ぐのに嫌気がさして、動物や植物の研究に専心するようになった。彼は、一八三一年に調査船ビーグル号に乗り込んで中南米方面に出帆し、約五年に上る長期間自然や生物を見聞する中で特にエクアドル沖のガラパゴス諸島などで、珍しい動植物を観察・記録して「進化論」を考案し、国内での研究・実験の結果とあわせて五〇歳の時に『種の起源』を出版した。ダーウィン自身は、ガラパゴス諸島でフィンチと呼ぶ鳥の嘴《くちばし》を観察したとき、進化論の着想を得たとされている。ダーウィンはその著書（『種の起源』）で、ハトやライチョウ、ミツバチ、アリなどの動物や、スミレなどさまざまな植物で実験して、「自然適応」と「突然変異」などの「進化論」のキーワードを詳しく述べているが、それは、現在も使われている理論の基礎をイラスト入りで丁寧に論述したものだった。ダーウィンは、『種の起源』で人類の進化については述べていないが、周囲の人びとの間では進化論を人類に適用して考える者が多く、「人間がサルから生まれる筈はない。論外だ」などの論争が巻き起こった。『種の起源』は第六版まで版を重ね、今も人類学者、生物学者の必読書となっている。ダーウィン自身は教会との正面衝突を回避したが、同時代のトマス・ハクスリーなどは、科学を民主化する立場から、ダーウィンを擁護して盛んに教会など旧勢力と論争した。

ダーウィンの『種の起源』について『ダーウィンの「種の起源」、はじめての進化論』（二〇一九年）という解説書を書いたサビーナ・ラデヴァは、こう述べている。

「出版されたのは一八五九年のことでした。この本は生物学に革命をもたらしました。神さまの力を借りなくても、生命の『なぜ』を説明することを可能にしたからです。原理はシンプルです。生物は絶えず小さく変化している。その変化自体には方向や目的はありません。でも環境が長い時間をかけてその変化を選び取っていく、と考えたのです。いわゆる『進化論』でした。進化論は激しい論争を呼び起こしましたが、今では生物学者はみんなダーウィンの考え方を学問の中心において研究を進めています」

また、ダーウィンの進化論によれば、長期間かければ生物が種の境界を越えた変化をすることも可能で、実際に多くの動物は何千万年、何億年とかけて突然変異を重ね、大きい進化をしてきたのである。

ダーウィンは、晩年の一八七一年に『人間の由来』と題する著書を出版し、人類についても「進化論」が有用であることを主張した。そして、人類の揺籃の地がアフリカであることも示唆している。

他方、ダーウィンは生前十分に知らなかったが、オーストリア人（生まれはチェコ）の司祭であるグレゴール・ヨハン・メンデルが、一九世紀後半（ダーウィンの『種の起源』出版とほぼ同年代）に「メンデルの法則」を発見するなど、遺伝学もダーウィンと同時代から発展の緒についていた（メンデルの法則は、発見当時は学界から公認されず、彼の死後一九〇〇年になって、ド・フリースなど複数の生物学者によって「再発見」された）。遺伝学は、二〇世紀半ば過ぎになってから、ＤＮＡやゲノムの働きが次々に解明され、実用化されるなど、分子人類学（分子生物学）として、形質人類学、歴史学、考古学、言語学等と手を携えて、古代人類学の発展に大きく貢献するようになっていく。

進化論については、二〇世紀の日本の人類学者（遺伝学者）である木村資生《もとお》も、一九六〇年代後半に「中立進化説」を提唱して、その発展に貢献している。木村が提唱した中立進化説は、突然変異を進化の原動力とする点ではダーウィンと同様であるが、実験によれば突然変異は無秩序に生じるので、その中には生物にとって有害なものも多数含まれており（負の自然淘汰）、生物が生きていく上では必ずしも有利に作用するとは限らず、あまり影響がない場合もあるというものであった。木村は生き残る遺伝子の大部分は中立の突然変異の結果であるとして、これを「中立進化説」として紹介している。

木村はまた、英語の著書『分子進化の中立説』を出版、このことを世界に発信した。同書は多くの国で翻訳され、イギリス王立協会からダーウィン・メダルを贈られた。これは「進化学のノーベル賞」といわれるもので、アジア人として初の受賞であった。

他方、ダーウィンの『種の起源』の出版とほぼ同時期の一八五六年には、ドイツのデュッセルドルフ近郊のネアンデル（元キリスト教の修道院の名）の洞窟（採石場）で、ネアンデルタール人の人骨が発見された（タールはドイツ語で渓谷の意味）。当時は、ネアンデルタール人の発見はＤＮＡ研究も実用化されていない時代だったので、ローカルなニュースとして片付けられ、多くの関係者がその発見の進化論的意義に気づかなかったこともあって、ダーウィンもその内容を知らなかったようである。しかし、二〇世紀末から二一世紀になって詳しいDNA分析ができるようになると、ネアンデルタール人の存在は、現生人類にもっとも近い近縁種の人類で、三万数千年前に絶滅したが、相当の期間現生人類と共存した人類であり、現生人類（ホモ・サピエンス）と交雑しホモ・サピエンスに遺伝子を残した人類として脚光をあびるようになっていく。この本では、のちの章でそのことについて詳しく紹介するようにしたい。

また、ここでは、人類学の発展にとって、生物学、考古学や言語学、さらには物理学、化学等の発展も大きく貢献するようになることを指摘しておきたい。たとえば、キュリー夫妻のラジウムの発見が地質学の年代測定に貢献し、また、アメリカ人のキャリー・マリス博士が考案したPCR検査が、新型コロナウイルスの患者発見だけでなく、分子生物学全般の古代ゲノムやDNA解析で大きい役割を果たしている。これらに貢献した科学者の多くは、いずれもノーベル賞を受賞している。こうして、人類学は、さまざまな分野の科学者の協力を得て、二〇世紀後半から二一世紀の初頭にかけて、かつてない大きい発展をみせるようになり、ダーウィンの残した功績はいっそう注目され、輝きを増すようになっている。

遺伝学の発展

ダーウィンの進化論と並んで、生物学の発展と遺伝学の発展にとって重要なのは、一九世紀のダーウィンの『種の起源』の少し後に発表されたグレゴール・ヨハン・メンデルの遺伝学の発見・発表である。メンデルは、現在のチェコのシュレジア生まれで、ウィーン大学で物理学、生物学、数学などを学び、オーストリアで修道院長を務めた。メンデルが、エンドウ豆の交配実験をして、三対一の色のエンドウ豆の花を咲かせたことは、高校の生物教科書にも出てくる有名な話だが、メンデルは、そうした実験の結果を理科や数学の知識をもとに理論化して、遺伝学の法則を発見した。

メンデルの発見は、優性の法則、分離の法則、独立の法則で、これを理論化する過程で遺伝子の存在を予言し、隔世遺伝の法則も発表した。彼は、よく準備した実験でさまざまな規則性を発見し、ダーウィンが『種の起源』を発表した数年後には、遺伝学の基礎を築いた論文を発表した。しかし、発表当時はメンデルの法則をきちんと理解する人はおらず、一九〇〇年になってから、オランダ人のド・フリースなど三人がメンデルの法則を「再発見」した。「再発見」といっても、メンデルの法則を剽窃したわけではなく、メンデルの法則の価値を世に知らしめたものだった。

その後、一九一〇年代末には、アメリカ人のトーマス・ハント・モーガンが、遺伝子の存在を細胞と染色体として具体的な形で確認し、一九三三年にノーベル生理学賞を受賞した。

二〇世紀半ばになると、遺伝学は、多くの研究者たちがＤＮＡ研究を開始し、一九五三年にはジェームズ・ワトソンとフランシス・クリックが二重らせん構造を発見し、分子生物学が誕生した。一九七〇～八〇年代になると、ミトコンドリアＤＮＡの研究も進んで、ゲノム研究が隆盛になる基礎が築かれた。さらに、二一世紀初頭になると細胞核の研究も進んで、Ｙ染色体研究や、「ヒトゲノム」研究も隆盛になった。ＤＮＡ研究は、文献のない時代の古代史研究にも大いに役立つようになり、さらに人類学への応用が一段と盛んになっている。ＤＮＡの研究の発展によって、二〇〇三年には人間のゲノム総体を解析する「ヒトゲノム計画」が完成し、以後、「次世代シークエンサー」の実用化で短期間・低価格で膨大なゲノム解析ができるようになっていった。

コラム　チャールズ・ダーウィンの年譜

一八〇九年　父ロバート・ダーウィン〈医師〉と母スザンナ・ウエッジウッドの次男としてイギリスのシュルーズベリーに誕生する。
一八一七年　母スザンナが病死。
一八二五年　一六歳で医学を学ぶためにエジンバラ大学に入学。二七年退学。
一八二八年　ケンブリッジ大学に入学（神学）。三一年卒業
一八三一年　一二月にビーグル号で南米方面の船旅（調査）に出港。ガラパゴス諸島などに上陸。

一八三六年　ビーグル号でイギリスに帰港。ケンブリッジに居住。
一八三七年　ロンドンに転居。
一八三九年　従姉エマと結婚。「ビーグル号航海記」を出版。
一八四一年　長女アン・エリザベス誕生。
一八五九年　五〇歳で『種の起源』を出版。
一八七一年　『人間の由来』を出版。
一八八二年　ダーウィン、七三歳で死去。ウエストミンスター寺院に埋葬。

第三節　人類のアフリカ起源説と多地域進化説

現生人類（ホモ・サピエンス）は、ヒトとチンパンジーとの共通祖先から、猿人、原人、旧人、新人と四つの段階を経て誕生したとされている。現生人類がサルや類人猿と違うところは、直立二足歩行の開始、脳の容積の拡大（四〇〇ccから一六〇〇ccへ）、歯と顎の大きさの縮小、道具（石器等）の使用の四種類とされている。また、原人になると火を使用して寒さや猛獣対策をしたり、食物を調理したりするようにもなり、地質学上の氷河期も、苦労の末に乗り越えて進化をとげてきた。また、現生人類は、直立二足歩行や脳の容量の拡大などのおかげで、地球上の動物と哺乳類の中で覇権を握るようになった。

　ホモ・サピエンスの誕生は三〇〜二〇万年前とされ、その化石の多くはアフリカで確認されている。ホモ・サピエンスはアフリカの地で、誕生から一〇数万年を過ごし、やがて、地球上の新天地をめがけて、六万年ほど前に「出アフリカ」を果たした。「出アフリカ」は、キリスト教の旧約聖書のモーセの「出エジプト記」を模倣した言葉であるが、その背景には、居住していたアフリカでの乾燥と湿潤を繰り返す気候変化から脱皮しようとする面と新天地を探して積極的に冒険を開始した面の双方があった。しかし、人類の一部（当初は数十人から数百人規模の集団）がアフリカという揺籃の地を離れて、地球上の多くの方面にグループになって拡散していったことは、結果的に見て、その後の地球と人類の長い歴史にとって、新たな画期、前例となったことは間違いない。

　人類の揺籃の地がアフリカであったことは、今では否定することが困難な定説になっている。ホモ・サピエンスは、肌の色、目や髪の色等は違っても、地球上のすべての人類が同一の形態と機能を持ち、原則として交雑が可能な一つの種である。一時は白人の間で、白人特権説・優秀説が支配的になり、コーカソイド（白人）、モンゴロイド（黄色人種）、ネグロイド（黒人）などと区別をした時代もあったが、二〇世紀末からは、それは人種差別用語とされて、使う人はほとんどいなくなっている。実際には、現在のヨーロッパの白人居住地域に、かつて赤銅色の肌をもったヒトが住んでいた時期もあったことが確認されており、それらとの中間色

（グラデーション）をもった人が多いことも確認されている。

また、「民族」という言葉も、過去には、ナチス（アドルフ・ヒトラー）が「アーリア人」という用語で、その「優秀性」を自己顕示しようとしたように、言語を中心に文化の違いと優秀性を強調するために多用された時代があったが、今では「民族」は長期的な特徴を表すものではないことが明らかになり、あまり使用されなくなっている。民族とは、せいぜい数世紀の単位で同一性が見出されるもので、先史時代の人類の長い歴史も含めると、とるにたりないものだとの考え方がその背景になっている。

では、人類のアフリカ単一起源説は、どのような根拠があるのであろうか。

一つは、遺伝学的な証拠として、世界中の現代人のＤＮＡを比較してみると、その共通祖先は二〇万年前頃のアフリカに辿りつくことである。例えば、北京原人は現生人類より古い約七五～四〇万年前にアジアにいたが、それは、われわれの祖先ではなく、すでに絶滅した人類と見られている。それとは違って、女系のミトコンドリアＤＮＡを調べてみると、アジア人も欧米人も祖先は二〇万年前のアフリカに辿りつくことが証明されている。

二つ目は、化石形態学の証拠として、現代人と同様の形をした人類の頭骨化石がアフリカでは二〇万年前後の古い地層から見つかっているが、アジアやヨーロッパではそうした化石は五～六万年前より後のものしか見つかっていない。また、アフリカは、化石的にみて非常に多様性に富んだ土地であり、言語の点からみても世界の言語数（六〇〇〇）の三分の一はアフリカに起源が集中している現実がある。

　三つ目は考古学的な証拠として、アフリカでは化石人類のアクセサリーの使用は一〇～七万年前の「出アフリカ」以前のホモ・サピエンスの遺跡で見つかっているが、アジアやヨーロッパでは五～六万年前以降の遺跡でしか見つかっていない。

　また、四つ目として、ホモ・サピエンスは祖先の猿人がチンパンジーから分岐したこともあって、その居住地であるアフリカで進化したことが化石として確認されているが、アジアに住んでいる類人猿のオランウータンは、遺伝学的にホモ・サピエンスの祖先が分岐したサルではないとみられる点も、人類のアフリカ単一起源説の一つの間接的な証拠になっている。ただ、インドネシアでジャワ原人、中国で北京原人が発見されたことで、それらの原人が約二五〇万年から二〇〇万年前くらいに出アフリカを果たしたとみなす考え方が有力で、原人の段階ではアフリカとアジア双方に人類が住んでいたことも事実である。

　逆に、旧人のネアンデルタール人の遺骨、遺跡は、アフリカではなく、ヨーロッパや中東、アジアの広範な地域で見つかっており、その遺伝学的解明も進んでいる。ネアンデルタール人や二一世紀になって発見されたデニソワ人のＤＮＡの解明は最近になって急進展しており、双方ともホモ・サピエンスと交雑（交配）して、そのＤＮＡをアフリカ以外のホモ・サピエンスに一～数％程度残したことは、現在では確認済みになっている。しかし、それについては、ここでは簡単な指摘に留め、詳しくは後の章で述べたい。

アフリカの外では、人類が住んでいた最古の証拠として、ジョージアのドマニシ遺跡で約一八〇万年前のもの（ホモ・エレクトスの一種、一九九一年発見）が発掘されている。ドマニシ遺跡とインドネシアのホモ・エレクトス（ジャワ原人）、ホモ・フロレシエンシス（フローレス人、ホビットで身長が一メートル前後）の関係は不明であるが、これらの原人が、アフリカをホモ・サピエンスよりはるか以前に出国し、カスピ海に近いジョージアやアジアの各地で暮らしていたことは事実であろう。

そして、アジアにはホモ・サピエンスと交雑のあった旧人（ネアンデルタール人とデニソワ人）がおり、ホモ・サピエンスに遺伝子を残したことを念頭におくと、多地域進化説も、一度は学界で国際的に否定されていたものの、改めて最近になって部分的に復権・承認され、人類のアフリカ単一起源説に対して補足的な役割を果たすようになっている。高校の歴史教科書でも、かつては多地域進化説が通説として教えられ、その後アフリカ単一起源説に通説が変わり、現代ではアフリカ単一起源説を中心としつつ、多地域進化説の双方が並立しているようである。

ここで、フローレス人（ホモ・フロレシエンシス）についてもう少し触れておくと、フローレス人は、一〇〇万年前から五万年前頃までインドネシアのフローレス島に住んでいたことは人類化石で確認されている。フローレス人は、ジャワ原人と関係があるという説もあるが、フローレス島と周囲の島の間には深さ一〇〇〇メートルもの海峡があって、氷河期に海面が低下しても双方は陸続きにはならなかったことは確実である。そのことは海峡の双方の島の間で植生が大きく異なり、住んでいる生物種も大きく異なることでも確かめられている。

もう一つの謎は、五万年前までフローレス島に住んでいたホモ・フロレシエンシスがなぜ絶滅したかであるが、ホモ・サピエンスのオーストラリアへの進出と関係があるのではないかという説と、当時は多くの大型動物が現地で絶滅しており、ホモ・フロレシエンシスの滅亡とホモ・サピエンスのオーストラリア進出とは無関係という説の双方がある。

また原人として発見された北京原人の化石は、第二次大戦の戦争の中で行方不明になったままであり、他方、日本の明石で考古学者の直良《なおら》信夫によって発見された「明石原人」も戦時中に、証拠そのものが焼失したこともあって、「原人」としては扱われていない。アジアには、ネアンデルタール人、デニソワ人の他にも未発見の人類がかつて存在していた可能性も指摘されており、アメリカや中南米などを含めて一層の解明が期待されている。

ここで、人類の「多地域進化説」から「アフリカ単一起源説」への通説の変化にあたっては、アメリカの人類学者であるアラン・ウィルソン博士（カリフォルニア大学バークレー校）らの果たした役割が非常に大きいことを指摘しておきたい。この議論が行われたのは、一九八〇年代から九〇年代にかけてのことであるが、アラン・ウィルソン博士らは、細胞の小器官であるミトコンドリアDNAがもつ独自のゲノムに注目した。受精に際し、ミトコンドリアDNAは、卵子の細胞質だけが受精卵に残り、精子のDNAは排除される。細胞核のDNAは減数分裂の際に組み換えがおこなわれ、特定の遺伝子の系図を遡ると、ほとんどの場合、どこかで組み換えの影響があって系図を遡るのが困難になる。この点、ミトコンドリアDNAは女性のみに遺伝するために、組み換えが起こらず系図を遡ることができることに気づいた。アラン・ウイルソン博士が見出した点は次の二点であった。

①アフリカの人々由来のミトコンドリアDNAの多様性の方がアフリカ以外の地域からの多様性よりもはるかに高かった。

②ミトコンドリアDNAの系図を示す分子系統樹において、アフリカ人由来のミトコンドリアDNAを含むクラスターとアフリカ以外の地域の人由来のミトコンドリアDNAを含むクラスターが分岐する年代を、進化速度を一定と仮定して推定したところ、二〇～一〇万年前という値が得られた。

それゆえ、現生人類のミトコンドリアDNAの系図を辿っていくと、共通祖先は約二〇万年前のアフリカに至るという結果は、アフリカ単一起源説を強く支持することがわかった。つまり、ホモ・サピエンスは二〇～一〇万年前にアフリカで誕生した新種の人類で、その後アフリカからユーラシア大陸等へ拡散し、現生人類が形成されたというアフリカ大陸起源説が分子人類学の立場から唱えられたわけである。この説は、「ミトコンドリア・イブ説」として世界的に大きな波紋を呼ぶとともに、アメリカなどで雑誌などが取り上げて大騒ぎになり、やがて定説になっていった。

その後に、アラン・ウィルソン博士のもとに弟子入りしたスバンテ・ペーボ博士（スウェーデン人）によって、ネアンデルタール人、デニソワ人（いずれも旧人）とホモ・サピエンスとの混血の可能性としてＤＮＡの実験が行われ、新たな展開をみせることになった。ペーボ博士らは二〇一〇年以降にライプツィヒ（ドイツ）のマックス・プランク進化人類学研究所を拠点にして、人類学者の他、言語学者、考古学者らとの共同研究を行うなどして、世界の分子人類学研究を新たな方向に発展させるけん引役となってきた。

この節の最後にあたって、アフリカ大陸はなぜ、人類の祖先の揺籃の地、そして人類の進化の地になったか、少し、私見を述べておきたい。

アフリカの大半の諸国は、近代になると文明の遅れた国として、ヨーロッパの植民地になり、奴隷貿易の犠牲にされてきたりしたが、地球の人類の歴史全体を考える時には、人類の発祥以前に遡って、霊長類の歴史、類人猿の歴史、地球の成立史について考えなければならない。地球の陸地が現代のような形になったのかはいつ、どんな経緯でこうなったのか正確にはわからないが、恐らく霊長類が住むのに適した大陸として、現代のアフリカ大陸の原型が早い時期からつくられたのでないだろうか。

赤道がサハラ砂漠の南のアフリカ中央部を横切っていることは、アフリカ人にとっては、気候が温暖で、氷河期の苦難とたたかい、生き延びるには好都合であったと想像される。

アフリカが、地中海・サハラ砂漠とブラック・アフリカの南北に分断され、東西は海で東西南北どちらに行っても「出アフリカ」をはかるのは困難なことは事実である。しかし、アフリカ住民は、大規模の面積を持つアフリカ大陸の内部で文化の多様性を維持し、外部と隔絶して進化を続けたために、環境に適応し、生存の道を探るのに好都合であったであろう。アフリカ内部で孤立して生存競争をする術《すべ》を身に着け、経験を積む上では地理的に有利であった。

そして、アフリカで生まれたホモ・サピエンスは、長い歴史の中で生存のために進化を重ね、エネルギーを蓄積し、やがて一挙に「出アフリカ」という賭けにでて、そして賭けに勝ち抜けたのではないだろうか。そして現生人類が、比較的大型のサル（類人猿）から分岐した種であるヒトとして、華奢であり捕食獣の脅威にさらされながら、巧みに氷河期を生き抜くための技術を身に着けたため、出アフリカの試練に耐え抜けたのであろう。

アフリカは、近代文明に遅れたといっても、せいぜいこの一〇〇〇年か二〇〇〇年のことに過ぎない。その前は、アフリカ北部のエジプトは「世界四大文明の発祥地」の一つであったし、もっと前には、人類進化の揺籃の地としての長い歴史があったことを忘れることはできない。人類の全歴史＝約七〇〇万年からみれば、言語や文字をもつ歴史時代は、比較的短いものといわなければならない。アフリカが人類の揺籃の地であったことは、人類史の中で特筆すべき重要な事柄であった。現在、世界全体で比較的文明が遅れているアフリカが、再び過去の栄光を取り戻し脚光を浴びる時期が訪れる可能性も十分にあるだろう。

第四節　DNAと分子人類学の発展

メンデルは一九世紀後半に遺伝学の研究を進める中で、人間や動物の細胞にはDNA（デオキシリボ核酸）と呼ばれる遺伝子が存在することを予言していた。これが二〇世紀に現実のものとして発見され、遺伝子とゲノムの研究が二〇世紀後半から二一世紀前半にかけて急速に進むことになった。そしてDNAの解析は古代人類学の研究に活用されて、人類学に新たな地平を切り開くことになった。

一九世紀以来の人類学の研究は、アフリカやアジアなどで古代人類の住んでいた洞窟や遺跡を発掘し、化石を発見することがオーソドックスな手法であり、欧米や南アフリカなどの研究者を中心にアフリカ、アジアなどで発掘が進められた。この中で、特に東アフリカと南アフリカ、中国、東南アジア、ヨーロッパ等で古代人類の化石が次々に発見され、人類学研究は、形質人類学や考古学、地質学の研究者が牽引する形で進められた。その後一五〇年経った現在でも、発見された古代人類の化石や遺物類は決して多いとは言えず、さらにこれまで発見された古代人類の系統樹の間隙を埋め、新たに人類史を書き換えるために、多くの化石の発掘を続ける必要性があることは変わっていない。これはアフリカやアジアだけでなく、南北アメリカ、ヨーロッパ、オーストラリアを含めた諸大陸や日本、イギリス、インドネシアのような島しょ部についても言えることである。

同時に、二〇世紀後半になって大きい発展をみせたDNAとゲノムなどの分子人類学（遺伝学）の研究と活用も、人類学発展のためには、それに劣らず重要性をもつようになっている。

既刊の分子人類学者の書籍等を参考にして若干説明すると、DNAは正式名称をデオキリシボ核酸といい、四種類の化学物質（塩基）が含まれている。この四種類の総称である塩基は、A（アデニン）、G（グアニン）、C（シトシン）、T（チミン）の四つからなり、その配列が遺伝情報を担っている。DNAは複製をつくるために、二本の鎖状の構造をとっていて、GとC、AとTがそれぞれペアになって存在するので、通常はその連鎖のことを「塩基対《えんきつい》」と呼んでいる。

遺伝子は、私たちの体を構成しているたんぱく質の構造や、それがつくられる時期を記述している設計図である。ヒトは約二万二〇〇〇種類ほどの遺伝子をもっており、その情報をもとにつくられるたんぱく質が私たちの体をつくり、細胞内で起こる化学反応を制御して日常の生活を可能にしている。この設計図を書いている文字にあたるのがDNAである。

ヒトのもつゲノムは合計約三〇億塩基対があり、伸ばすと約二メートルの長さになる。これが折りたたまれて細胞の中にある核に収まっている。

ゲノムは、ヒトを構成する遺伝子の最小限のセットを示している。ゲノムはヒト一人をつくるための遺伝子全体のセットで、その遺伝子を記述している文字がDNAである。そのDNA

で書いた設計図は遺伝子の個別の働きを示すとともに、全体の設計図（ゲノム）となっている。したがってゲノムは、人一人が持つＤＮＡの総体でもある。

ところで、私たちは両親から一セットずつのゲノムを受け取り、二人分の設計図をもっているので、二組の遺伝子を制御して一人の人間が作られる。子どもが生まれる時には、私たちは二人分の遺伝子を組み替えて一セットのゲノムを作り、配偶者のゲノムと合わせて二セットを子どもに伝える。それゆえ、私たちはそれぞれの遺伝子について、二組の設計図からそれぞれ一つを選んで新しい組み合わせの遺伝子セットを作り子孫に伝えるわけである。遺伝子の流れから個人の役割を考えると、この遺伝子組み換え作業をするのがヒトの役割である。この作業は、生殖の際に精子と卵子に関する細胞を作るときに行われる。

こうして、新しい子孫ができるたびに、遺伝子の組み換えが行われるので、十何世代も経つと遺伝子の組み合わせはすっかり変化し、血筋や家系は大きく変わることになる。細胞は分裂と死滅によって入れ替わるたびにＤＮＡを複製する。しかし、コピーの際にミスがあれば突然変異が生じ、それが子孫に受け継がれる可能性がある。これが生物多様性の原因となる。

進化論的にいえば、例えばヒトとチンパンジーは異なる遺伝子配列をもっているが、もともとは共通の祖先から分岐したのであるから、分岐前には同じＤＮＡ配列をもっていたはずである。それが異なる配列になったのは　進化の過程で突然変異と呼ばれる複製ミスが起きて、異なる遺伝子配列をもった子どもが生まれたことが原因とされている。

したがって、たくさんの遺伝子のDNAを比較することによってそれぞれの種の分子の様子を知ることができるようになっている。この間の約四〇〜五〇年間の分子人類学の発展の中で、現在ではおよそヒトの三〇億塩基対のすべてのDNA配列（ゲノム）の解析ができるようになっている。

DNAについては、ハプログループ、ハプロタイプという言葉が使われるが、ヒトは男女半々の「半数体」の遺伝子を両親から受け取り、女性はミトコンドリアDNA、男性はY染色体というDNAを通じて、子孫にDNAを伝えていく仕組みになっている。ミトコンドリアDNAは、ヒトの細胞質内にたくさんの小さなコピーが含まれており、比較的取得が容易なので早い段階から活用がはじまったが、男系に伝わるY染色体は核室内にのみ存在するので、扱いが面倒で、かなり遅れて研究が進んだ経緯があった。

ヒトの持つゲノムすべてを読み取るプロジェクトが「ヒトゲノム計画」であり、約一三年の年月と巨費を投じて二〇〇三年に解析を完了した。また、DNA配列のすべてを読まずに核ゲノムの解析をおこなう方法として、二一世紀になると一塩基多型（SNP）と呼ばれるゲノム中にある一塩基の違いを調べる解析が主流になっている。それはゲノムのDNA配列中に一塩基が変異したタイプが見られ、しかもその変異が集団内で一％以上の頻度でみられるものがSNPと定義されている。前述の「ヒトゲノム計画」は、フレデリック・サンガーが発明した酵素によるDNAシークエンス（塩基配列決定の技術）を使って成し遂げられたが、これによると時間と経費が膨大になった。その後開発された大量のDNAを解析する装置は、抽出したDNAに入っているすべてのDNA断片を一度に読んでしまう方法で、「次世代シークエンサー」と呼ばれ、時間も経費も大幅に節約できるようになっている。

なお、ミトコンドリアDNAとY染色体DNAについては、アメリカ主導で国際的な評価基準が決められ。国境を越えた地球上の人類規模で協力して、調査・分析をする体制ができ、実際に共同研究が進められている。例えば、ミトコンドリアDNAについては、共通の祖先であるアフリカがハプログループL0、L1とL2、L3を取得し、Lから始まるハプロ集団がすべてアフリカ人に振り当てられ、L3から派生したハプログループのMはアジア人、Nから始まるハプログループはアジア人とヨーロッパ人とされ、さらにサブ・グループに細分化された決定が行われている。

Y染色体DNAについても、アフリカがAとBをとり、その他が各国に振り当てられているが、矛盾が出れば調整・改訂措置がとられている。DNA多型分析を人類学に応用することは、まずミトコンドリアDNAから始まり、その後長期的なタイムスパンを追跡するにはY染色体DNAが適していることがわかってきた。二一世紀初頭頃からY染色体DNAについて多くの研究がすすめられ、今では世界的な人類移動の跡がY染色体を通じてほぼ再現できるようになっている。

Y染色体DNAは男系の遺伝子を追跡することになるので、女系を追跡するミトコンドリア

DNAと相補う形になっている。

Y染色体は大きく分けてAからRまで一八の系統に分けられ、次のような形になる。

A系統（アフリカ固有）

B系統（アフリカ固有）

C系統（出アフリカの第一グループ）

DE系統（出アフリカの第二グループ）

FR系統（FからRまでの一三系統、出アフリカの第三グループ）

つまり、アフリカに留まったA、B両系統を除くと、「出アフリカ」を果たした三系統、すなわちC系統、DE系統、FR系統に分かれている。この出アフリカの三大（マクロ）グループの末裔たちが全世界に広がっていき、現在の世界のヒト集団を形作っている。このY染色体DNAの亜型が世界各地でさまざまな地域的な差異と特性を作っている。

こうして、世界中の人類学者が協力して、DNAやゲノムと関係した古人骨の研究や解析をすすめているが、その研究にあたっては、分子人類学者のみでなく、さまざまな分野の科学者が、分子人類学者と協力して、新たな研究・開発を進めている。

例をあげると、古い化石人骨の存在する地層の年代測定のために、放射性炭素（C14）の半減期利用の年代測定法を開発したアメリカ人のリビー博士（化学者）や、一九五三年にDNAの二重らせん構造を発見した米英のジェームズ・ワトソンとフランシス・クリック両教授があげられる。また、アメリカの科学者であるキャリー・マリス博士は、一九八三年にDNAポリメラーゼを用いた連鎖的に増幅する核酸合成法を考案し、これを医学、薬学等だけでなく、古代ゲノムの解析にも応用することを実用化した（ノーベル化学賞を受賞）。このPCR法は、この数年世界で猛威を振るったコロナウイルスの感染者検査で有名になったが、それ以前から、分子人類学者が人骨などから採取した少量のDNAを増幅して、多くの古代遺骨のゲノムが解析できるようになっている。

さらに、分子人類学では、二一世紀になって、形質が不明なまま絶滅した人類である「デニソワ人の発見」にまで到達して、人類学の研究を大きく様変わりさせることになった。「デニソワ人の発見」と、ネアンデルタール人・デニソワ人のDNA解析、およびホモ・サピエンスとそれらの旧人の交雑について研究成果を認められたスウェーデン人のスバンテ・ペーボ博士（ドイツ・ライプツィヒの進化人類学研究所）は二〇二二年にノーベル生理学・医学賞を受賞している。

このように、分子人類学（遺伝学）は、DNAとゲノムの解析技術の向上によって、二〇世紀後半から二一世紀の初頭にかけて、これまでにない大きい発展をすることができ、日本でも世界でも、人類学を新たな高みに発展させた。

なお、ノーベル賞には、人類学賞とか遺伝学賞というのはないので、生理学・医学賞が人類学全般の研究を網羅し、物理学賞、化学賞なども人類学の発展に寄与した度合いに応じて、それぞれの賞を授与する仕組みになっている。
そして、今や分子人類学は、形質人類学とならんで人類学の発展になくてはならない重要なものとなっている。

コラム　DNAのコンタミネーション（異物混入）

DNAの検査・分析をするときは、自分自身のDNAが分析対象に混入（コンタミネーション）しないように、「念には念を入れて」注意することが必要になる。二〇二二年にノーベル生理学・医学賞を受賞したスウェーデン人のスベンテ・ペーボ博士は、研究生活の当初、エジプトのピラミッドでミイラのDNA分析をした際に誤って自分のDNAが分析対象に混入したことに気づかず、後に誤りを認めた。そして、その後はDNA分析をする際には、遺物が混入しないようにクリーン・ルーム施設を作って、何度も入念に注意するようにつとめた。その後、雑誌『サイエンス』に恐竜のミトコンドリアDNA分析に成功した、との他の研究者の論文が掲載された際には、これが異物混入による誤りであることを指摘した。ヒトのDNAは汗や唾液、フケなどにも含まれているので、実験者が混入を防止するために入念な防止策をとることが必要になる。

第二章　人類の進化

第一節　チンパンジーとの分岐と猿人の出現

第一章で、現生人類がアフリカの地でチンパンジーとの共通祖先から分岐したことについて述べたが、最初に出現したのは初期猿人で、初期猿人が現生人類（ホモ・サピエンス）に進化するまでには七〇〇万年近くかかったとされている。現在ではホモ・サピエンスのアフリカ誕生は定説となっているが、ここに落ち着くまでには、ユーラシアで誕生した類人猿がその後アフリカに渡来して進化したという説や、ユーラシアを含めた広範な地域で同時に進化がみられたという多地域進化説など、さまざまな学説がだされ、結局は化石の発掘や分子人類学の発展が人類アフリカ単一起源説の決め手になった。

人類の化石については、数百万年前のものはアフリカ以外では発見されていないが、ホモ・サピエンスについても、古いものはモロッコで発見されたジュベル・イルードの化石（三〇万年前のもの）、エチオピアでのオモ・キビシュ（一三万年前のもの）、ヘルト（一六万年前のもの）などがあり、いずれも初期に誕生するのはアフリカである。これらは、ネアンデルタール人と比較して、顔面が小さく繊細でオトガイがあること、眼窩の上の飛び出しが弱いこと、高くて丸い頭蓋冠を持つことなどの身体的な特徴をもっている。これらの古代型のホモ・サピエンスは、均一ではなくそれぞれかなり違いが大きいことが指摘されている。人類が約六万年前に「出アフリカ」を果たした後については、ユーラシアやオーストラリアなどで化石が発見されているし、それ以前についてもイスラエルではスフール、タフーン両洞窟などで、ネアンデルタール人の化石とあわせてホモ・サピエンスの一三～一〇万年前の化石が発見されている。しかし、本格的な遠方への「出アフリカ」と結びついたホモ・サピエンスの化石は約六万年前の「出アフリカ」（初期拡散）以降のものしかアフリカ外では発見されておらず、一三万年前に一旦イスラエルなどレバント地方に脱出したホモ・サピエンスは消息が途絶え、絶滅した可能性が強いとみられている。

閑話休題。ホモ・サピエンスに行きつく前に、まず初期猿人から叙述したい。

人類化石研究の第一人者でジョージ・ワシントン大学のバーナード・ウッド教授は、「最初の人類」についてこう書いている（『人類の進化』）。

「初期猿人は最初期のチンパンジーとは異なり、犬歯が小さく、臼歯が大きく、下顎骨は頑丈だったと予想している。さらに、直立して二本足で歩く機会が多くなったことに適応して、頭骨と体の骨に何らかの変化が起こっていたようだ。これらの変化は、脳と脊髄を結ぶ大後頭孔の前方への移動による頭部支持バランスの改良、垂直な体幹、広い骨盤、真っすぐな膝関節、しっかりした足構造などを含んでいた」

化石やDNAの証拠によると、チンパンジーと人類の共通の祖先が分かれた年代はおよそ七〇〇万年前とされている。かつては長い間、一番古い猿人の化石は南アフリカか東アフリカの五〇〇～四〇〇万年程前の人類化石と考えられていたから、二〇〇一年に中央アフリカのチャド共和国でフランス人古生物学者のミシェル・ブリュネ教授によって発見されたサヘラントロプス・チャデンシス（トウマイ＝生命の希望の意味）が七〇〇万年前頃の化石であり、東南アフリカではなく中北部アフリカで発見されたことは人類学者から驚きをもって受け止められた。チャデンシスは、脳容量は三五〇ccほどで、体毛が多く、類人猿に似ていたが、すでに直立二足歩行をしていたことは、ほぼ確実視されている。

トウマイについてミシェル・ブリュネ教授が書いた著書『人類の原点を求めて——アベルからトウマイへ』は、その著者紹介部分で次のように述べている。

「本書の主役ミシェル・ブリュネは、チャドで発見された猿人化石『アベル』と共に、一九九五年に初めて人類進化研究の表舞台に登場した。そして、二〇〇一年には今も最古の人類化石として知られる『トウマイ』の発見により、世界中の注目の的になった。『トウマイ』とは、『四〇〇万年の人類史』との認識が一九七〇年代以来長らく定着していたところを、『七〇〇万年の人類史』と一挙に変化する、その決定打となった頭骨化石である。人類進化の研究史の中でも最も画期的な発見の一つといえよう」

前述のバーナード・ウッド教授は、「サヘラントロプス・チャデンシスはいくつかの点で重要である」として、次のように指摘している。

「まず、この化石は、中央アフリカにあるチャド共和国のトロス・メナラ遺跡で発見された。ここは、サヘルという乾燥地帯で、すぐ北はサハラ砂漠である。しかし、七〇〇万年〜六〇〇万年前の様子は、今とは違っていた。地質学的、古生物学的証拠によると、この挑戦者は森林に囲まれていて、草原性疎林、湖、川などが入り混じる地域に住んでいた。なぜなら、ここの地層は湖底堆積物であり、淡水魚だけでなく、森林および草原に住む植物食動物の化石をふくんでいるからだ。

次に、この最初期の人類化石は、完全だがゆがんだ頭骨と二つの下顎骨破片を含んでいたことでも重要である。担当した研究者は、バーチャル人類学の手法で頭骨の歪みを矯正したので、他の人類化石やチンパンジーと意味深い比較をすることができた」

ところで、「トウマイ」が、類人猿から初期猿人に移行する最初の過程での大きい特徴は、「直立二足歩行」とされているが、「直立二足歩行」だけを取り上げてみれば、これ以前にも人類以外に直立二足歩行をした類人猿が、約九〇〇万年前から七〇〇万年前に生きていたオレオピテクスとしてあげられている。オレオピテクスは、当時地中海の島々であったイタリアのトスカナ地方に住んでいた類人猿であった。ところがオレオピテクスの大後頭孔は頭蓋骨の下側に開いていて、木の上で二足歩行をしていた可能性があるかもしれないといわれている。そして、オレオピテクスが直立二足歩行をしていたのは、進化の歴史過程では一瞬の出来事だったかもしれないとされていて、詳しいことはわかっていない。

「トゥマイ」に次いで古い猿人の化石は、紀元二〇〇〇年にケニアで発見されたオロリン・トゲネンシス、エチオピアで発見されたアルディピテクス属の二つの種（古い方がカダッパ、新しい方がラミダス）で、その次に古い化石としては、アウストラロピテクス属のアナメンシス（一九九五年ケニアで発見、四二〇万年前）、アファレンシス（一九七四年、アナメンシスから分岐、エチオピアで発見、三一八万年前）とされている。特にアファレンシスは華奢系の女性人骨で、化石学者がビートルズの「ルーシー」の曲を聴きながら発掘作業をしたことで、「ルーシー」という名で有名になっている。また、アファレンシスの骨格は、完全にそろった猿人化石として珍しいもので、猿人の復元模型もつくられている。

「ルーシー」の復元模型
（国立科学博物館展示）

アウストラロピテクス属になると、その他にも南アフリカ共和国で発見された種（アフリカヌス）などもあり、いずれも三〇〇万年から四五〇万年くらい前の猿人で、脳容量は三〇〇～四〇〇cc程度で、二〇世紀に見つかっている。

その他にも、発見された猿人化石はいくつもあるが、それらの化石の間の関係や古さの測定値では意見の相違があり、研究者間で論争が続いている。

ここで、ウァイバー・クリガン＝リード准教授が著書『サピエンス異変』で、猿人について述べていることを引用しておきたい。

「数百年前に気候が乾燥に傾いて、中央アフリカの森が草原になったとき、人類はこの新しい環境に適した身体を得て草原に進出した。そこで生き延びて遊動生活を始めた。つねに動き回っていた彼らは、毎日すこしずつ移動して、地球上にゆっくりと拡散した。多様化と変異がたえず起こることで、新種が生まれ、合流し、絶滅した。生きることは過酷だった。平均寿命は短かっただろう。

これら初期のバージョンの人類は、私たちにはおなじみの疾患に悩むことはなかっただろうが、危険な暮らしを送った。……完新世まで生き延びたのは、ホモ・サピエンスのみだった。ほかにも数種が生き延びかけたが、いまとなっては、すべて絶滅している。それでも、これらの人類は自分たちの亡霊を私たちのＤＮＡに残した」

他方、埴原和郎・元東大教授（人類学者）は、その著書『人類の進化史』で、こう指摘している。

「一九八〇年以後の猿人化石の発見とその研究の進歩は著しい。五〇〇〇万年〜四〇〇〇万年ほど前の時期になると、ごく初期のヒトが姿をあらわす。彼らの大部分は東アフリカ出身で、いわゆるリフト・バレー（大地溝帯）の東側に住んでいた。

その東側では、大きな気候変動のために乾燥し、類人猿の住みかである大森林の代わりに熱帯の草原が広がった。サルからヒトへの進化は、このような環境の変化と密接に結びついている」

「南アフリカとリフト・バレーの東側を中心とする地域でヒトは生まれた。一九五九年以後、北はエチオピア、南はタンザニアに及ぶ広大な地域から猿人発見の報が相次いだ。

猿人は決して一様のものではなく、いくつかの異なるタイプに分かれることが明らかになって来たのである」

「猿人がいろいろな種に分かれていたのも、いわば生みの苦しみの反映だったかも知れない。だが繊細なグループの進化は、まだしも人への方向に沿った道だった。ところが進化の途中で道を見失ったのではないか、と考えるようなグループがいた」

これらの猿人から、アジアとアフリカで発見されたホモ・エレクトス（アジア）、ホモ・エルガステル（アフリカ）と呼ばれる原人の間には、パラントロプスと呼ばれる属やホモ・ハビルス（器用なヒト。石器などの道具の使用を開始）と呼ばれる種の化石、ロブストスと呼ばれる頑丈なタイプの猿人などが存在している。猿人の段階では、脳の容積は三五〇cc前後であり、原人や旧人と比べると脳の発達はかなり少なかった。ホモ属は、二五〇万年前以降の原人、旧人、新人に使われている属名であり、原人になると脳の容積も七〇〇〜七五〇ccくらいに倍増している。

大森林から草原に出た人類の祖先たちは、二足の直立歩行になり、脳の容積の大型化、両手の解放とモノの運搬、道具の発明、火の使用、雑食性化で食物の種類の増大、高い位置からの視認、素早い走行、威嚇の姿勢と行動、セックス・アピールの行動など、サルからヒトへと変化する進化の道を歩み続けることになる。

しかし、それは、一時にすべてが獲得できたわけではなく、ヒトの寿命からみたら気の遠くなるような二〇〇〜三〇〇万年という年月をかけて進化をとげたものである。

ここでも前述の埴原教授は、ホモ属に関する議論をおこなっている（『人類の進化史』）。『ホモ』という学名の定義について議論を展開している。それはこの名が安易に使われ、不当に拡大解釈されているのではないかという懸念からに他ならない。

「猿人とホモの境界線をどこに引けばよいのかという点を考えた。その結果、たどりついた一つの結論は『栄養摂取』をキーワードとして考えるということであった」

原人は、やがて、旧人（ネアンデルタール人、デニソワ人など）、新人（ホモ・サピエンス）と進化をとげ、現生人類となっていくが、七〇〇万年前に分岐した類人猿（チンパンジーやゴリラ）とホモ・サピエンスの間には次のような違いがあったことを、動物学者の島泰三（理学）

博士は、著書『ヒト――異端のサルの1億年』の中で書いている。

「チンパンジーとゴリラも離乳は四歳までに終わり、ホモ・サピエンスの赤ん坊の時期とほとんど同じ期間である。チンパンジーもゴリラも八歳にはメスの発情が始まる（ヒトにはない）。彼らの子ども期間は四年程度で、ゴリラは九歳、チンパンジーは一一歳で初産を迎える。ホモ・サピエンスの初潮はふつう一二歳だが、初産一六歳以上になる。しかし、出産間隔はゴリラが四年、チンパンジーでは五・二年だが、ホモ・サピエンスでは三・七年から先史時代の二年という推定もある」

「この短い出産間隔を維持できる構造をつくり維持したのが、ホモ・サピエンスの社会の特徴だったのかもしれない。それは年長の子どもたち、子どものない大人、そして老齢者が赤ん坊の面倒を見る社会特性である。子ども時代が他の類人猿よりも二倍も長いことは遊びの時間と独創的な発明発見期間の時間をホモ・サピエンスに与えた。ホモ・サピエンスにとって決定的に重要な火の使用や石器の開発なども子どもの遊びから始まった可能性が強い。のちに定住が始まったとき、この社会構造は種の生き残りをかけた戦いの上で決定的な強みとなった」。

そして、ホモ・サピエンスは生存をかけてアフリカを出て、「出アフリカ」の挑戦の旅に出るのである。

コラム　主な遺跡の発見年表

一八五六年　ドイツのネアンデルタール渓谷でネアンデルタール人の化石発見
一八六八年　フランスのクロマニョンでクロマニョン人の化石発見
一八九一年　ジャワ島のトリニールでジャワ原人の化石発見
一九〇七年　ドイツのハイデルベルグ近郊でホモ・ハイデルベルゲンシスの化石発見
一九二四年　南アフリカのタウングでアウストラロピテクス・アフリカヌスの化石発見
一九二九年　中国の周口店で北京原人の完全な脳頭蓋を発見
一九六二年　静岡県浜松市で浜北（旧石器）遺跡を発見
一九六四年　タンザニアのオルドバイ渓谷でホモ・ハビルスの化石発見
一九六七年　エチオピア南部のオモ盆地でホモ・サピエンスの化石発見
一九六八年　沖縄本島で三万二千年前の山下洞人の遺跡を発見
一九七〇年　沖縄島の港川採石場で二万年前の港川人の化石発見
一九七四年　エチオピアのハダール遺跡でアファレンシスの化石発見（ルーシー）
一九八四年　ケニアのトゥルカナ湖付近でホモ・エルガステルの少年化石発見（トゥルカナ・ボーイ）
一九九一年　ジョージアのトマニシ遺跡でホモ・エレクトスの化石発見

一九九二年　エチオピアのアケーシュ川流域でラミダス猿人の化石発見
一九九五年　ケニアでアウストラロピテクス・アナメンシスの化石発見
二〇〇〇年　ケニアでオロリン・トゲネンシスの化石発見
二〇〇一年　チャドのトルスメナラ遺跡でサヘラントロプス・チャデンテス発見
二〇〇三年　インドネシアのフローレス島でホモ・フロレシエンシスの化石発見
二〇〇七年　沖縄県の白保竿根田原洞窟で約二万年前の人骨発見
二〇〇八年　南ロシアのデニソワ洞窟でデニソワ人の化石発見
二〇一〇年　現生人類がネアンデルタール人の遺伝子を受け継いだと発表
二〇一三年　南アフリカでホモ・ナレディの化石発見
二〇一四年　インドネシアのスレウェシ島で発見された壁画が四万年前のものと判明
二〇一六年　スペイン北部のシマ・デ・ロス・ウエソス洞窟で大量の化石を発見
二〇一六年　沖縄県のサキタリ洞窟で二万三〇〇〇年前の世界最古の釣り針発見
二〇一九年　中国甘粛省で見つかっていた下顎骨がデニソワ人の化石と判明

第二節　ホモ属の出現と原人、旧人

ホモ属でもっとも有名な原人化石は、ジョージア（カスピ海の近くの東欧の国）のドマニシ原人、インドネシアのジャワ原人、中国の北京原人などの化石であるが、これらの原人では猿人と比べて脳容量が増えているのが特徴である。

これらの脳の容量の増大を猿人段階から一覧表にしてみると次のようになる。

人類の種類	**脳の容量**	**何年前か**
初期猿人	三〇〇～四〇〇cc（mℓ）	五〇〇～七〇〇万年前
アウストラロピテクス	四〇〇～五〇〇cc	四〇〇万年前
ホモ・ハビルス	六〇〇cc	二五〇万年前
ホモ・エレクトス	七〇〇cc	一八〇万年前
ネアンデルタール人	一六〇〇cc	六〇万年前
ホモ・サピエンス	一六〇〇cc	二〇万年前

これらの人類の脳の容量の変化をみると、ホモ・ハビルス、ホモ・エレクトス（アフリカの

相当する原人はホモ・エルガステル）の原人のところで、脳の容量の大きい肥大が起こり、さらに、ネアンデルタール人（旧人）、ホモ・サピエンス（新人）の段階で、一段と脳容量の飛躍が起こっていることがわかる。類人猿から猿人への変化は、直立二足歩行か否かが大きい分岐点になっていたが、ホモ属（原人から旧人）になるところで、脳容量の大きい変化が起こり、それがさらに一〇〇～一五〇万年後の旧人、新人（ホモ・サピエンス）の段階でさらに大きい飛躍が起こっている。しかし、この脳容量の議論は、人類学者でも暗黙の裡に認めているところが強く、それ以上の議論にはなっていないようである。それは、「精神」「認知革命」が絡んでくるので、それがどんなものであるかを証明し定義づけることは困難であるからである。しかし、状況証拠としては、ホモ・エレクトスなどの原人の段階では、それ以前より石器でもはるかに精巧なハンド・アックス（握斧）などを使用し、火の使用をしたことも確実視されるなど、人類としての能力が大幅に向上していることが背景となっている。学者によって、「認知革命」を認めるものと認めないものがあるが、いずれも直接証拠は提示できていない。

認知考古学者であるスティーヴン・ミズン氏は次のように指摘している。

「博物的知能の領域と技術的知能の領域が確実に存在していたという初めての証拠は……ホモ・エレクトスが出現する一八〇万年前か一四〇万年前になるまで見当たらない」（『心の先史時代』）。

この脳容量の増大は、ヒトの行動と使用するエネルギーの増大が関連するとともに、社会構

ホモ・フロレシエンシスの復元像
（国立科学博物館展示）

造の単位がチンパンジーや猿人の五〇人規模から、原人では一〇〇人規模以上になり、社会の仕組みがそれだけ複雑化したことが原因とみられている。ただ、ホモ・エレクトスでは、脳容量にも幅があって、発掘された化石によって、かなり進化して脳容量の多いものと、それほど多くはないものがあるようである。

　このほかの原人としては、ホモ・フロレシエンシスと呼ばれる小型（身長一メートル前後、脳容積はアウストラロピテクスと同様の四〇〇cc）の人類が、二〇〇一年から三年間の発掘によってインドネシアのフローレス島で発見され、一六〇万年前からホモ・サピエンスの出現と同時期まで生きていたとされている。ホモ・フロレシエンシスは、「ホビット」ともいわれ、小さい島に閉じ込められて長期間暮らした影響で、小型原人になったとの見方が有力である。また、地理的に見て、ジャワ原人と何らかの系統関係があるのではないかとの見方もある。フィリピンの島にもネグリト（スペイン語で黒い小人）と呼ばれる採集狩猟集団が住んでいる。

　ホモ・エレクトスと同類だがアフリカで化石が発見されたものに、ホモ・エルガステル（原人）がある。ケニアのトゥルカナ湖西岸で古人類学者のR・リーキーが一九八四年に見つけたもので脳容積は約九〇〇cc、身長一六〇センチあるが、歯が全部は生えそろっていないことから まだ少年だとして「トゥルカナ・ボーイ」と呼ばれ、全身骨格があるためレプリカが各種造られている。（チップ・ウォルター『人類進化七〇〇万年の物語』）

南アフリカのヨハネスブルク近郊のライジングスター洞窟から、二一世紀になってホモ・ナレディと呼ばれる一連の化石が発見され、三〇万年前のものとされているが、成人身長は一四六センチ、体重は五〇キロ前後で、脳容量は五〇〇cc前後とされている。ホモ・ナレディはアウストラロピテクスとホモ・エレクトスの双方の特徴をもっており、生存した年代については議論があって確定していない。

他方、八五万年前の化石としては、南欧のスペインでホモ・アンテセソール、ユーラシア大陸とアフリカに分布していたホモ・ハイデルベルゲンシスと呼ばれる化石（六〇～三〇万年前）も発見されているが、後者は原人のホモ・エレクトスに含める科学者と、旧人への過渡期の人類と見る科学者の双方があり、確定していない。

さらに、ホモ・ハイデルベルゲンシスについては、ネアンデルタール人の祖先とみる見方がある一方で、デニソワ人も含めて新たな人類として研究を続けるべきだとする見解や、「謎の人類」として系統分類を保留している研究者もある。

斎藤成也（国立遺伝学研究所）教授は、著書『日本人の源流』の中で次のように指摘している。

「原人はヒトと同属とされており、アフリカとユーラシアのあちこちで化石が発見されている。スペイン北部にある、およそ三〇万年前の遺跡から発見された原人段階のホモ・ハイデルベルゲンシスの骨からミトコンドリアＤＮＡが抽出されたが、その塩基配列は、デニソワ人のミトコンドリアＤＮＡの塩基配列と系統的に近かった。これは、彼らとデニソワ人が祖先を共有するのか、あるいは両者の間に、何らかの遺伝的交流があった可能性を示している」

旧人になると、一〇〇万年前以降のことになるが、近来になって脚光を浴びているネアンデルタール人、デニソワ人、さらに最近アジアのフィリピンのルソン島で化石が発見された人類（ホモ・ルゾネンシス）、インド中部のナルマダ渓谷で見つかった頭蓋骨（原人か旧人か不明）など数はさらに多くなる。初期のネアンデルタール人については、二〇一六年にスペイン北部にあるシマ・デ・ロス・ウエソス洞窟で大量の新たな化石が発見され、ＤＮＡ分析も行われて、新たな人類系統樹が描けるとして注目されている。ネアンデルタール人とデニソワ人についてには、次節で発見の経緯とホモ・サピエンスとの関係等について詳しく説明したい。

ホモ・ハイデルベルゲンシスについて

ホモ・ハイデルベルゲンシスが出てくると、原人と旧人、ネアンデルタール人とデニソワ人もからんで、謎が深まる感じがする。

ここで、ホモ・ハイデルベルゲンシスについて、人類学者の赤沢威《たける》教授が、『人類大移動』（印東道子編）という表題の書物で、「ネアンデルタール人とクロマニョン人の交替劇」という論文を書いているので紹介しておきたい。

赤沢教授は、この論文で、ホモ・ハイデルベルゲンシス（ハイデルベルグ人）はネアンデルタール人とクロマニョン人（現代ヨーロッパ人の祖先との見方がある）の共通の祖先であり、六〇万年～四〇万年前に、この両者がハイデルベルゲンシスから分かれたという仮説を提起して、次のように述べている。

「このDNA仮説は化石資料で検証されつつあります。両者の共通祖先の候補者として有力視されているのは、ホモ・ハイデルベルゲンシス。一五〇万年以上前、アフリカで登場した原人ホモ・エルガステルの系譜から八〇万年以上前に誕生しました。分岐した後、ネアンデルタール人に向けて歩むことになったハイデルベルゲンシスの中に、『アウト・オブ・アフリカ』を演じた後、ヨーロッパ大陸へ入植する一団がいました。それを裏付ける人類化石がスペイン北部のアタプエルカ洞窟群の一つ、シマ・デ・ロス・ウエソスで発見されています。一九七六年以来、二〇〇〇を超える化石が出土していますが、それは三〇万年前の三二個体のハイデルベルゲンシスの骨格でした」

「アフリカの熱帯域・亜熱帯域で誕生し、その後も温暖な気候帯を移動し移り住んできたハイデルベルゲンシスは、新天地ヨーロッパ大陸の氷期環境に順応しながら体を改造していきます。その完成品が冒頭に紹介したユニークなネアンデルタール人というわけです」

「もう一つのハイデルベルゲンシスから新人サピエンスが生まれました。二〇万年前にアフリカで生まれた彼らもまた、『アウト・オブ・アフリカ』を演じます」

「こんにちのイスラエル、レバノン、シリア一帯に移り住んだ一団から、その先ヨーロッパ大陸に入植するグループがあらわれ、登場したのが新人クロマニョンです。その地で先住民ネアンデルタール人と遭遇し、対峙することになります。四万～五万年前のことです」

「先住民ネアンデルタールにとってクロマニョン人の出現、見たこともない異人種との出会いは、驚天動地だったでしょう」

「入植者クロマニョン人は、ネアンデルタール人社会を席巻し、みずからの領地に収めていきました。一方先住のネアンデルタール人は、南フランス、イベリア半島など地中海沿岸域に転地していきますが、その地でも入植してきたクロマニョン社会に圧倒され、社会は、縮小、分散、孤立、そして終焉にいたったというわけです」

こうして、ネアンデルタール人社会は絶滅に追いやられた、と赤沢教授は述べている。この赤沢教授の説明は、ホモ・ハイデルベルゲンシスとクロマニョン人、ネアンデルタール人を含む仮説として一定の説得力をもっているが、まだ学界全般では、ハイデルベルゲンシスの役割、系譜について受け入れられていないようである。

コラム　人類進化の系統表

初期猿人
・サヘラントロプス・チャデンシス（中央アフリカのチャド）七〇〇万年前
・オロリン・ドゥグネンシス（東アフリカのケニア）　六〇〇万年前
・アルディピテクス・カタバ（エチオピア）　五〇〇万年前
・アルディピテクス・ラミダス（エチオピア）　四五〇万年前
猿人
・アウストラロピテクス・アナメンシス（ケニア）四〇〇万年前
・アウストラロピテクス・アファレンシス（エチオピア）　三五〇万年前（ルーシー）
・パラントロプス属　二六〇万年前（南アフリカ、東アフリカ）
原人
・ホモ・ハビルス　二〇〇万年前（東アフリカ）
・ホモ・ドマニシ　一八〇万年前（東欧のジョージア）
・ホモ・エルガステル　二〇〇万年前（アフリカ）
・ホモ・エレクトス　一八〇万年前（アジア。ジャワ原人、北京原人など）
・ホモ・フロレシエンシス　一六〇万年前（インドネシア）

・ホモ・アンテセソール　一〇〇万年前（スペイン）
・ホモ・ナレディ　三〇万年前（南アフリカ）
旧人
・ホモ・ハイデルベルゲンシス　八〇万年前（アフリカ、ヨーロッパ）
・ホモ・ネアンデルターレンシス　四〇万年前（ヨーロッパ、アジア）
・デニソワ人　四〇万年前（ロシア、中国、ニューギニアなど）
新人
・ホモ・サピエンス　二〇〜三〇万年前（アフリカ）

第三節　ネアンデルタール人とデニソワ人

ネアンデルタール人をめぐる諸問題

ホモ・サピエンスが三〇万年前から二〇万年前くらいにアフリカで誕生したことについては、すでにこれまでの章や節で触れたが、完新世（一万数千年前から現在）と歴史時代に入って地球上に存在するのは、新人（現生人類）としてのホモ・サピエンスだけであった。その他の原人や旧人は完新世の到来以前に絶滅しており、新人についてもホモ・サピエンス以外の人類は出現しなかった。

その理由については、ダーウィンの出現以前の昔は、神がつくったのは現生人類だけであるという「常識」で片づけられていた。時代が下って一九世紀末から二〇世紀の終盤ころまでは、多地域進化説が支配的であったが、二一世紀になると分子人類学の発展もあって「ホモ・サピエンスが二〇万年前からアフリカに住んでいたが、六万年ほど前に『出アフリカ』を果たした、そしてその後、ユーラシア大陸からオーストラリア、南北アメリカにまで拡散した」とするアフリカ単一起源説が新しい定説になった。その際、ホモ・サピエンスは世界展開の過程でネアンデルタール人などのその他の人類を駆逐してしまったとみる説が有力になった。ネアンデルタール人については、一九世紀半ば以降、ヨーロッパから中東、中央アジアまでかなり広範な地域で多くの化石が発見され、ホモ・サピエンスと共存した期間もあったが、三万数千～四万年前に絶滅してしまった。

二〇世紀の前半からDNAには私たちの人類としての歴史が書き込まれているということは理論的にわかっていたが、現実のものとして確認できたのは、分子生物学（遺伝学）が爆発的な発展をみせた一九七〇年代から一九八〇年代にかけての時期であった。そのころからDNAやゲノムの解析によって、古人骨に残るDNAの状況が急速にわかるようになり、ミトコンドリアDNAを中心にDNA分析が人類学者の研究に入り込むようになった。

分子生物学の発展によって、二〇世紀末に明らかになったのは次のようなことであった（『日本人になった祖先たち』篠田謙一）。

①ミトコンドリアDNAの多様性から、ホモ・サピエンス（新人）のアフリカ起源説が決定的になった。古人類の研究者の中で、多地域進化説をとる人はごく少数になり、二〇世紀半ば頃まで考えられていた先史人類の歴史は根底から覆された。

②ヒトの遺伝子は他の動物にくらべて変異が極めて小さいこと、人類の歴史全体からみれば、私たちホモ・サピエンスが生きてきた時代は非常に短いことが鮮明になった。

③ネアンデルタール人がヨーロッパや中東・アジア地域に生きていたのは、今から六〇万年前～四万年前くらいまでで、ホモ・サピエンスとは共生した期間が一定あったが、ホモ・サピエンスがユーラシア大陸に拡散する過程でネアンデルタール人は絶滅した。

ネアンデルタール人の化石が初めて発見されたのは、ダーウィンが『種の起源』を出版した三年前の一八五六年だった。既述のように、ドイツのデュッセルドルフ郊外のネアンデルタール（ネアンデルの谷の意味）にある石灰石の採掘場で作業員によって化石が発見された。当時は、DNAの分析はできなかった。そのため、ダーウィンにもその本当の意味が知らされることがなく、私たちとは直接関係のない絶滅した人類の骨として長い間放置されてきた。しかし、第二次世界大戦と前後して、中東、ヨーロッパ、アジアなどでネアンデルタール人の化石の発見が続き、並行して遺伝学も発展し、ネアンデルタール人は人類学者たちの注目の的になった。多地域進化説をとる学者たちからは、ネアンデルタール人は、ホモ・サピエンスと無関係の絶滅した人類ではなく、ホモ・サピエンスを生み出した一昔前の祖先ではないかとの説が出された。結局、分子生物学の発展によって、一九九七年にネアンデルタール人の古人骨からDNAが抽出・分析され、その結果、ネアンデルタール人は、七〇万〜四〇万年前にホモ・サピエンスと分かれた近縁の人類グループであると判明した。

そして、DNA解析の結果、現生人類とネアンデルタール人のDNAの塩基配列の違いはわずか〇・一%だけで、チンパンジーより一〇倍以上もホモ・サピエンスに近いことが判明した。初期のネアンデルタール人については、スペインのシマ・デ・ロス・ウエソス、クロアチアのビンデジャ洞窟人、中央アジアのデシク・タシュ洞窟人などの化石が有名だが、二〇〇九年に核DNAの解読にも成功した。

二〇一〇年以降は、アルタイ山脈の近くのデニソワ人などの化石が発見された洞窟とシベリアやチベット高原などの一帯で、デニソワ人と称する形質不明な謎の人類との関係で、DNA解析によってアジア方面、特にパプア・ニューギニア・メラネシア方面へのデニソワ人の展開とともにネアンデルタール人は密接な関係があることが明らかになった。

東大総合研究博物館館長で人類学者である西秋良宏教授編の『中央アジアのネアンデルタール人』は、次のように記述している。

「ネアンデルタール人は三〇〜二〇万年前ごろのヨーロッパでヒトの一種として生まれ、五

～四万年前ごろに絶滅したとされる。七〇〇万年にもさかのぼる人類史からすれば、比較的最近の出来事である。現在地球上に生きている唯一の人類集団、すなわち私たちホモ・サピエンスと最も近縁な絶滅人類の一つとされている」

「デシク・タシュ洞窟発掘の最大のハイライトは、何といってもネアンデルタール人埋葬遺跡の発見である。少年の遺体がヤギの角でおおわれていたと主張されているのだから、関心をかきたてずにはおかない。オクラドニコフ博士は、なぜヤギが添えられていたのかについて思いをめぐらせ、狩猟採集民の精神世界にまで踏み込もうとしている。お墓を作るというのは来世に対して思想をもっていたことの証左ともいえる。であれば、ネアンデルタール人がホモ・サピエンスと同じように抽象思想を含む認知能力をもっていたことを示唆することにもなる」

同書によると、中央アジアのデシク・タシュ洞窟の遺跡からは、ネアンデルタール人が炉端《ろばた》で火をたいたことも判明しており、また中央アジアでは、各国が連携してネアンデルタール人の遺跡発掘をする計画が進行中だという。

これとは直接関係がないが、イラクのシャニダール遺跡から、ネアンデルタール人が埋葬者に副葬品として花束を献花していたことがアメリカ人学者ラルフ・ソレツキー氏による花粉の分析で確認されている。こうして、ネアンデルタール人は、数十万年前から火を使用したり、死者の埋葬をしたりしていたことも明らかになってきた。ネアンデルタール人が、単にホモ・サピエンスと近縁であるだけでなく、現生人類と同様な行動をしていたことを示す証拠が注目されるようになった。

ネアンデルタール人は、推定身長が一五〇〜一七五センチ、体重が七〇〜八五キログラム、脳容量が一六〇〇〜一七五〇cc程度で、ホモ・サピエンスと同程度か、より頑丈な体格をしていた。生業としては、狩猟と採集を食生活の基本としていたとみられている。

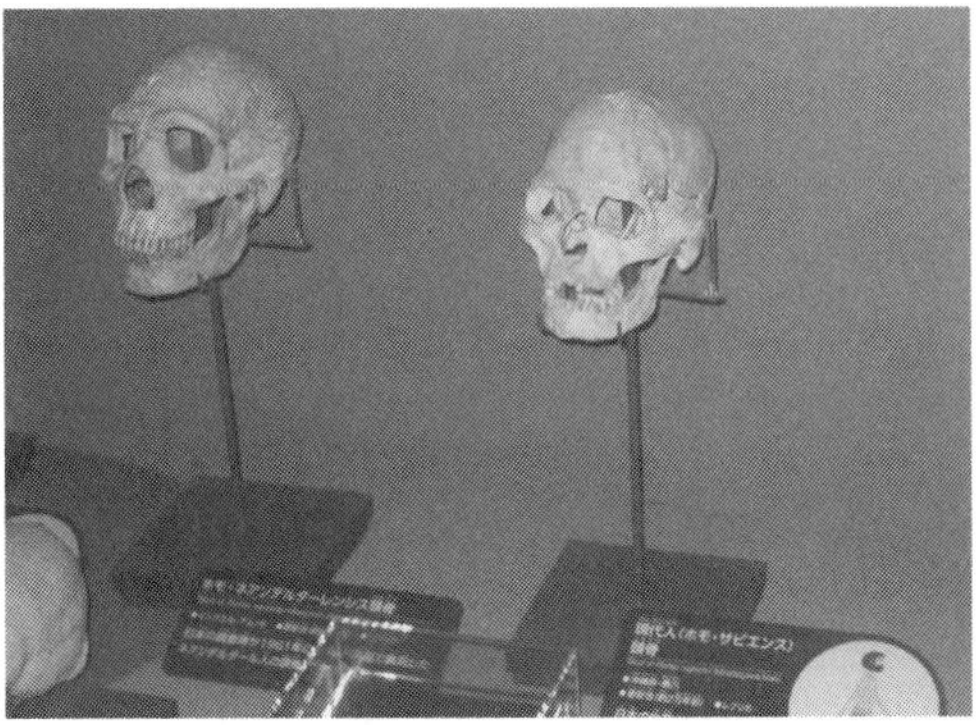

ネアンデルタール人（左）と
ホモ・サピエンス（右）の頭骨。国立科学博物館で

それがなぜ絶滅したかについては、ホモ・サピエンスより道具やペット類の使用などで劣っていたこと、ヨーロッパや中東の北部で氷河期に遭遇して生き延びるのが困難であったこと、ホモ・サピエンスとの抗争で敗れたことなど諸説が出されている。しかし、決定的な証拠を伴った学説は出されていない。

ネアンデルタール人が出現したのは、ヨーロッパと中東方面で、八〇〜六〇万年前にホモ・サピエンスと分岐したものとの説が有力で、ホモ・サピエンスの出現後は三〜四万年前まで、ヨーロッパや地中海のレパント地域などで双方が共生していたとされている。

分子古生物学者の更科功氏は、雑誌『VOICE』（平成三〇年八月号）で、こう書いている。

「かつては、ホモ・サピエンスとネアンデルタール人は一万年以上にわたって共存していたと考えられていました。しかし、遺跡や化石の年代が修正されたため、両者の本格的な実存期間は約三〇〇〇年と考えられるようになりました。これだけの短期間ならば、両者は共存していたというよりも、速やかに交代したと考えるべきです。つまり、ネアンデルタール人は、ホモ・サピエンスの台頭と同時に姿を消したのです」

「ホモ・サピエンスがネアンデルタール人を殺したという説は従来から唱えられていました。しかしこれは誤りであると私は考えています」

「ホモ・サピエンスとネアンデルタール人の脳を比べると、むしろネアンデルタール人の方が大きく、前頭葉の面積はほぼおなじです、にもかかわらず、ホモ・サピエンスのほうが知能が高かったとするのは論拠に乏しく、あくまでも前者が『生き残った』という結果から逆算して推測しているに過ぎず、純粋な比較ではない」

「ホモ・サピエンスの体格は華奢で、そのために、小食でエネルギーが足ります。言い換えれば燃費がよい」

「もし氷河期が訪れず、温暖で食料事情が豊かな時代が続いたとしたら、生き残ったのはネアンデルタール人だと考えられます」

このように、更科功氏は、ホモ・サピエンスは「華奢」で「小食」なために氷河期の中を生き残れたと書いているが、日本野生生物研究センター主任研究員の島泰三氏は、ネアンデルタール人が「本質的に中大型哺乳類の捕食者であったのに対して、ホモ・サピエンスはそれらだけでなく魚貝類や鳥などの小型動物まで幅広く食物とした」ために、最終氷期の最寒期の中を生き延びることができたと、説明している（『魚食の人類史』）。

ところで、アフリカに居住しているホモ・サピエンスには、ネアンデルタール人の遺伝子はきわめて微量しか含まれておらず、ネアンデルタール人は、一〇万年前後前に地中海東岸のレパント地方で、第一回目のホモ・サピエンスとの接触をし、その後は「出アフリカ」の六万年前以降にヨーロッパや西アジア方面で一定期間ホモ・サピエンスとの共同生活が行われていたとみられている。したがって、「出アフリカ」をしなかったホモ・サピエンスは、ネアンデルタール人とは交わる機会は乏しかったとみられている。

トロント大学のクライブ・フィンレイソン客員教授は、その著書『そして最後にヒトが残った』の中で、ネアンデルタール人が絶滅し、ホモ・サピエンスが生き残ることができたのは、「運と回復力のおかげだ」として、次のように書いている。

「彼らが消え去り、私たちがここにいるのは、彼らの運と回復力が少し足りなかっただけのことなのだ。イノベーターたちはとてつもなく厳しい世界に生きてきた。もし気候が今後どのように世界を変えていくかを知らずに彼らを見つめたならばそこにはわずかな望みすら残っていないと思いこんでしまうほどだ。彼らはみな、必要なだけの水や食料、すみか、そしてパートナーをなんとかして探しださなければならなかった。そうした厳しい状況下では独創的な個体とその子孫たちが生き延びることがあっただろう」

ネアンデルタール人の遺伝子は、当初、ミトコンドリアDNAがヨーロッパで解析され、その後、次世代シークエンサーで核DNAの分析ができるようになると、遺伝子全体の影響関係がわかるようになった。この中で、既述のスバンテ・ペーボ博士らの進化人類学研究所のメンバーによって詳しいDNA解析が進められ、ホモ・サピエンスとは交雑が進んでいて、二～四％のネアンデルタール人のDNAがホモ・サピエンスの遺伝子に組み込まれていることが解明された。つまり、ネアンデルタール人は、絶滅はしたけれども、私たちホモ・サピエンスの隠れた祖先の一つであることがわかり、さらに、デニソワ人も絡んで、シベリアから東アジア、オセアニア方面で、新たな人類の交雑関係があったこともわかっている。日本人を含むアジア人の遺伝子の中にも、少量だがネアンデルタール人、デニソワ人の遺伝子が組み込まれていることが判明している（スバンテ・ペーボ博士「ネアンデルタール人は生きている」『文藝春秋』二〇二三年四月号）。

国立科学博物館の篠田謙一館長は、二一世紀になって、次世代シークエンサーの登場で、ネアンデルタール人のDNA解析が急速に進んだことを次のように説明している（『日本人になった祖先たち』）。

「二〇一〇年、このマシンを使った研究で、クロアチアのビンデジャ洞窟から発掘された三万八〇〇〇年前の三体のネアンデルタール女性人骨から採取した四〇億塩基分のDNA配列の解読がおこなわれました。その結果、サハラ以南のアフリカ人を除く、アジア人とヨーロッパ人にはおよそ二・五％程度の割合でネアンデルタール人のＤＮＡが混入していることが明らかになったのです。そこから初期拡散の道程でネアンデルタール人との間に交雑があったというシナリオが提示されることになりました」

また、ハーバード大学医学大学院遺伝学教授のデイビッド・ライク博士は、ホモ・サピエンスがどこで、ネアンデルタール人と交配したかについて、その著書『交雑する人類』の中で次のように書いている。

「考古学者は、中東では一三万年前～五万年前の間に、少なくとも二回ネアンデルタール人と現生人類が優勢な集団としての地位を交代していることを明らかにしており、この間に両者が出会ったと考えることが理にかなっている。こうして中東で交配が起こったと考えると、ヨーロッパ人と東アジア人がともにネアンデルタール人のＤＮＡを受け継いでいることがうまく説明できる」

「ネアンデルタール人の生まれ故郷であるヨーロッパでも現生人類との交配が起こったと考えてもいいだろう」

「今では、ネアンデルタール人と現生人類の交雑集団がヨーロッパ、さらにはユーラシアで生きていたこと、その多くはやがて死に絶えたが、一部は今日の多くの人々の祖先になったことがわかっている。系統がわかれた時期もだいたいわかっている」

また、デイビッド・ライク教授は、前述の著書で、ダーウィンとネアンデルタール人の関係に関連して、こう書いている。

「一八七一年に出版された『人間の由来』でチャールズ・ダーウィンは、人間も進化の産物であるという点においては他の動物と同じだと主張した。ダーウィン自身はその重要性に気付いていなかったが、ネアンデルタール人はやがて、現存する類人猿よりも現生人類の方に近い集団の一員であることが認められ、そのような集団は過去に存在したに違いないというダーウィンの説を裏付ける結果になった」

「その後一五〇年ほどの間に、さらに多くのネアンデルタール人の骨格が発見された。それらを調べた結果、ネアンデルタール人がヨーロッパでさらに古い人類から進化したことが明らかになった」

「ネアンデルタール人も解剖学的な現生人類も、ルヴァロア技法として知られるやり方で石器を作った。この技法には五万年前以降に現生人類の間に生まれた後期旧石器および後期石器時代の道具作り技術にも負けないほどの認知スキルと器用さが要求された」

「西ヨーロッパでは三万九〇〇〇年前ごろにネアンデルタール人が姿を消したが、少なくともその数千年前に現生人類がヨーロッパに到達したことがわかっている」

なお、前述のようにネアンデルタール人とホモ・サピエンスとの交雑の場所までわかったことは、少数派になった多地域進化説が一部復活し、アフリカ起源説に統合されたことを示唆している。

デニソワ人の謎

二〇二二年にノーベル生理学・医学賞を受賞したスバンテ・ペーボ博士は、ドイツのライプツィヒにあるマックス・プランク進化人類学研究所で進化遺伝子部門のディレクターをしている研究者であるが、デニソワ人を「発見した」経緯について、次のように語っている（『文藝春秋』二〇一五年六月号）。

「何年か前にアナトリー（ロシアのアナトリー・デレビエンコ＝ロシア科学アカデミーのシベリア支部長）がわたしたちの研究所にやってきて、ビニール袋に入ったいくつかの小さな骨をくれた。シベリア南部のロシア、カザフスタン、モンゴル、中国にまたがるアルタイ山脈にあるオクラドニコフ洞窟という場所で発掘されたものだった。いずれもごく小さな骨片で、どの型の人類のものかわからなかったが、DNAを抽出して調べると、ネアンデルタール人のミトコンドリアDNAが含まれていた。アナトリーと協力してその発見を論文にまとめ、二〇〇七年に『ネイチャー』に発表し、その骨を根拠にして『ネアンデルタール人が住んでいた地域は従来考えられていたより、少なくとも二〇〇〇キロ東に拡大される』と述べた」

「二〇〇九年春アナトリーからまた骨片が届いた。その前年に彼のグループがデニソワ洞窟で発見したものだという。その洞窟は、中国からモンゴルで、シベリア・ステップに接しているアルタイ山脈の谷にある。骨はきわめて小さかったので、わたしはそれほど重要と思わず、いつか時間のある時にDNAがふくまれているかどうか調べようと思っただけだった。……そしてヨハネスはそれを調べる時間を見つけた。彼は骨片からDNAを抽出し、若く才能あふれる中国人大学院生チャオメイ・フーがライブラリーを作り……ミトコンドリアDNAの断片を探した。断片は三万四四四三個も見つかり、それらを統合して非常に精度の高い完全なミトコンドリアDNAを組み立てることができた」

「ネアンデルタール人と現代人ではミトコンドリアDNAは平均で二〇二個所が異なるが、デニソワ人の骨と現代人では三八五個所も違っていたのだ。ほぼ倍である」

こうして、ペーボ博士は、デニソワ人のミトコンドリアDNAは、現代人とネアンデルタール人の共通の祖先よりはるか昔に分岐していることを突き止めた。ペーボ博士はこの時のことを「頭が混乱した」と書いている。

アルタイのネアンデルタール人（デニソワ五号）が出土したデニソワ洞窟は、ロシアと中国、モンゴルの国境に近いシベリア西部のアルタイ地方にある洞窟であった、二〇一〇年に、この洞窟から出土した五万年～三万年前の地層から、人類の指の骨（デニソワ三号）と臼歯（デニソワ四号）のDNAが分析され、その結果、この洞窟にはネアンデルタール人ともホモ・サピエンスとも異なる人類が住んでいたことが判明した。この洞窟は一八世紀にデニスという名の隠者が住んでいたことからデニソワ洞窟、デニソワ人と名付けられ、現在でもその名前で呼ば

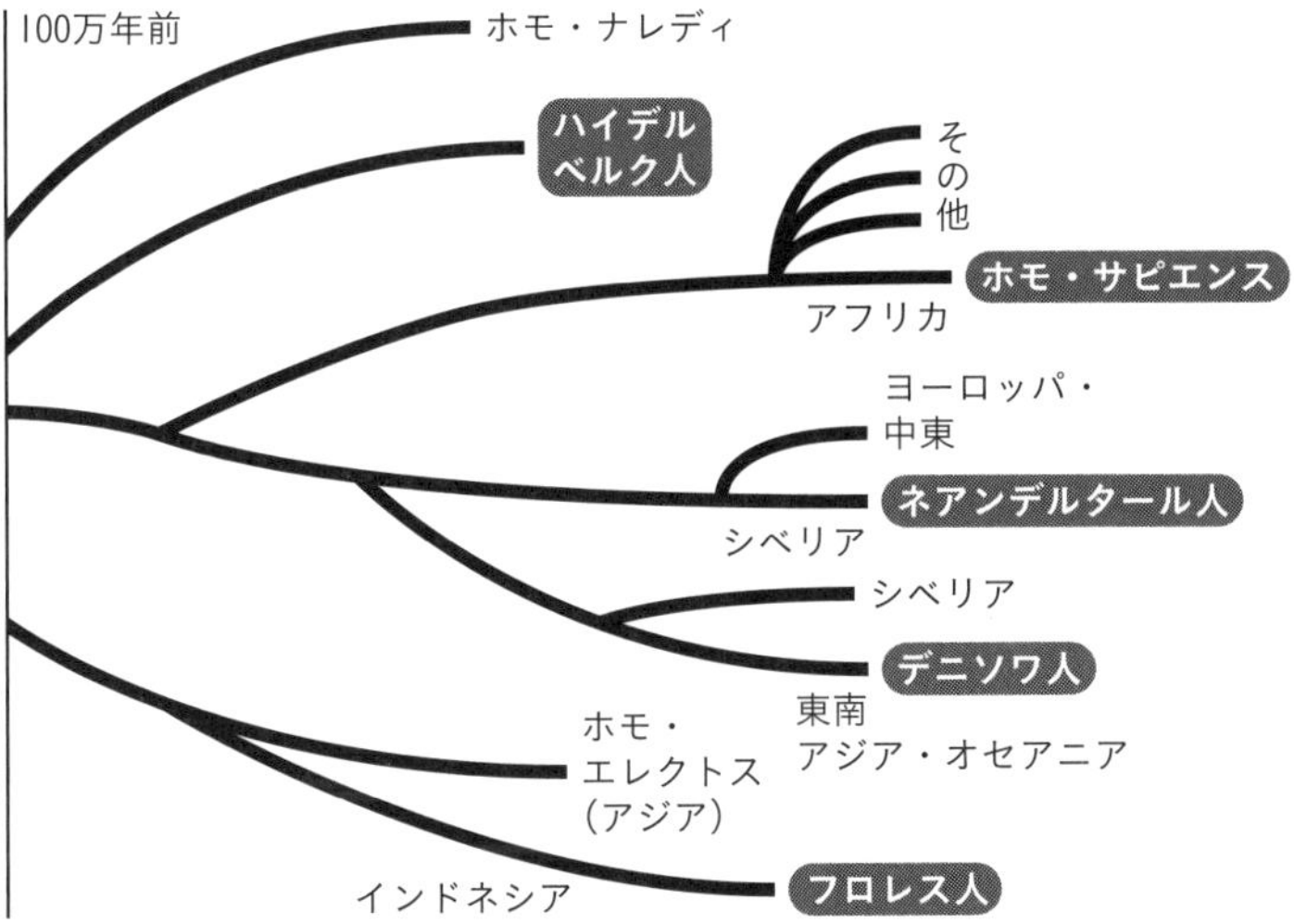

100万年前からのホモ属の系統

れている。

　このデニソワ洞窟は、寒冷で風通しがよいためＤＮＡの保存状態がよく、その分析をするのに都合がよかった。デニソワ洞窟には、ホモ・サピエンスがつくった遺物も見つかっており、少なくとも、デニソワ人とネアンデルタール人、ホモ・サピエンスの三種類の人類が住んでいたことが明らかになっている。洞窟の堆積物や人骨の年代測定からは一九万年から一〇万年前位までの人類がすんでいたことが判明した。これの最初の発見者は、ロシア人の人類学者であったが、ライプツィヒ（ドイツ）のマックス・プランク進化人類学研究所のスバンテ・ペーボ博士らにＤＮＡ分析が依頼された。分析が進む中で、三種の人類の交雑関係が判明し、デニソワ人は形質が不明なまま、ＤＮＡ鑑定だけで未知の人類として扱われることとなった。ＤＮＡ解析では、約八〇万年前にデニソワ人とネアンデルタール人の祖先がホモ・サピエンスの系統と分岐し、そのあと六四万年前にネアンデルタール人とデニソワ人が分岐したことが判明した。しかし、その後のシマ・デ・ロス・ウエソス洞窟の人骨のゲノムの解析から、ネアンデルタール人とデニソワ人の分岐は約四三万年前頃だったことが明らかになった。

　ハーバード大学医学大学院遺伝学教授のデイビッド・ライク氏は、スバンテ・ペーボ博士のもとで研究していた二〇〇八年に、ロシアの考古学者から送られてきた古い淡紅色の人骨の一部に出くわした。ペーボ博士はライク教授もデニソワ洞窟研究班に組み入れて、現地に赴き、洞窟の骨からミトコンドリアＤＮＡを抽出することに成功した。その配列はこれまで解析した七体のネアンデルタール人のＤＮＡでは見たことのないタイプだった。ライク教授は、著書『交雑する人類』の中で次のように書いている。

「デニソワ洞窟の指の骨から採取されたミトコンドリアＤＮＡは現代人とネアンデルタール人両方のミトコンドリアＤＮＡと四〇〇ヵ所近く違っていた。ミトコンドリアＤＮＡは双方を四七万〜三八万年前に分離したことになる。大まかに八〇万〜一〇〇万年前に分離したことを示唆していた。この指の骨は、これまで解析されたことのない旧人類のものかも知れない。しかし、それがどんな集団なのか不明だった。ネアンデルタール人の場合と違って、手掛かりになりそうな骨格もないし、道具作りの様式もわからない。最初に得られたのが遺伝子データだったのだ」

「デニソワ洞窟の指の骨からは最高に保存状態のよい古代ＤＮＡが得られたのだという。この指の骨にはヒトのＤＮＡが約七〇％も含まれていた」

「デニソワ洞窟人の骨のゲノム解析に立ち会わされたことは、私の研究者人生で最大の幸運だったと言える」

「ミトコンドリアＤＮＡからは、その指の骨の持ち主が現生人類とネアンデルタール人の共通の祖先から分かれた集団の一員だろうと推測された。しかし、ミトコンドリアＤＮＡに記録されているのは女系の情報だけで、どんな人のゲノムにも何万もの祖先系統が寄与していることを考えれば、ほんの一部でしかない。全ゲノムから明らかになったのは、ネアンデルタール人とデニソワ洞窟人との結びつきが、それぞれの現代人との結びつきより密接だったことだ」

「ラテン語ではない一般名の『デニソワ人』をつかうことが決まった。新しい種名をつけようと働きかけていた一部の同僚は落胆した。山脈にちなんで、ホモ・アルタイエンシスとでもしようとおもいついたのだろう」

「デニソワ人とニューギニア人の祖先の交配は、五万四〇〇〇年前から四万四〇〇〇年前の間におこったということがわかった。ニューギニア人のＤＮＡの三～六％がデニソワ人由来であると推定された。ニューギニア人のＤＮＡのうち合わせて五～六％が旧人類から来ていることになる。これは旧人類の寄与として現代の集団の中ではこれまでに知られている最大の値だ」

「デニソワ洞窟での発見は、現生人類がアフリカや中東から移住する際に、旧人類と交配したのは、例外的な出来事だったのではなかったことを示している」

「わたしたちがまだ資料を採取していない別のデニソワ人集団がいる可能性は大いにある。もしかするとネアンデルタール人もこの幅広いデニソワ人系統の一員と考えられるかもしれない」

「東ユーラシアが人類の進化の中心的な舞台であり、西洋人がしばしば思い込んでいるような脇役ではないとわかった」

「現代人とネアンデルタール人とは四七万〜三六万年前に分離した。おおまかに八〇万〜一〇〇万年前に分離したことを示唆していたネアンデルタール人と違って手がかりのない、最初に得られたのが（デニソワ人の）遺伝子データだった」

他方、ジブラルタル博物館の館長を務めるクライブ・フィンレイソン館長（ネアンデルタール人の研究の第一人者）は著書『そして最後にヒトが残った』の中でデニソワ人についてこう書いている。

「二〇〇八年にシベリア南部のデニソワ洞窟で発見された人骨のミトコンドリアDNAの配列が、二〇一〇年三月に発表され、この人骨がホモ・サピエンスともネアンデルタール人とも違う可能性が示唆された。人骨の出土した地層は五万年から三万年前とされているので、デニソワ人も現生人類と共存していた人類の仲間に加わることになった」

「さらに同年一二月には、このデニソワ人の核ゲノム配列の解析結果が発表された。ミトコンドリアDNAの結果では、デニソワ人は約一〇四万年前にネアンデルタール人と現代人の共通祖先から分岐したと推定されていたが、核DNAの結果では約八〇万四〇〇〇年前にデニソワ人とネアンデルタール人の共通祖先が現生人類と分岐し、その後にネアンデルタール人とデニソワ人が約六四万年前に分岐したと報告された」

「メラネシア人のゲノムの四～六％がデニソワ人固有のものと一致することが判明し、彼らの祖先集団とデニソワ人の交雑のあった可能性が示された。メラネシア人は現生人類の出アフリカ直後にオーストラリアにまで進出した人々の子孫で海岸沿いを通って東南アジアに進出したと考えられている。彼らの交雑の可能性は、デニソワ人がその時代、後期更新世のアジアに広く存在した可能性を示している」

また、二〇一九年には、チベット高原の中国甘粛省で見つかった一六万年前の下顎骨がデニソワ人のものであることが判明し、デニソワ人はかなり以前からその地方に住んでいることも明らかになった。さらに、デニソワ人は、ニューギニアのホモ・サピエンスと交雑していたことが判明し、パプアニューギニアの人たちは、デニソワ人の遺伝子を三～六％受け継いでいることも明らかになった。またパプアニューギニア方面では、ネアンデルタール人のゲノムも一％程度受け継いでいることもわかっている。こうして、三つの人類の交雑の模様がDNAの解析を通じて明らかになり、その周辺の諸地域・諸国にもゲノムのやり取りが及んでいることと、フィリピンのルソン島でも、ホモ属の新種であるホモ・ルゾネンシス（ルソン原人）が発見されたとの報告がある

さらに、これら三つの人類の他に、別の未知の人類の混血があったのではないかとの学説も出されている。

こうした中で、北京原人、ジャワ原人などの原人の見直しが行われ、ホモ・エレクトスは中国・アジアには約三〇万年前まで生きていたのではないかという見方も出されている。いずれにしても、ホモ・サピエンスを解明する上で、ホモ属の種類がいくつも出されてきたことで、ホモ・サピエンスという現人類が決して単純なものではなく、その化石の研究とともに、DNAとゲノムの解析がいっそう重要になっているということができる。

なお、この間の研究の過程で、フローレス原人（ホモ・フロレシエンシス）やホモ・ハイデルベルゲンシス（ハイデルベルグ人）なども従来知られていた以上に長く地球上に存在し、ホモ・サピエンスとの接点があったのではないかという疑問も出ている。

ホモ・サピエンスとネアンデルタール人、デニソワ人の三者の関係については、国立科学博物館の篠田謙一館長（分子人類学）が、著書『人類の起源』の中で、詳しく述べているので、一部を引用してみたい。

「ホモ・サピエンスの化石証拠は、発祥の地と考えられているアフリカ大陸でも三〇万～二

〇万年前までしかさかのぼることができていません。

ホモ・サピエンスの系統とネアンデルタール人とデニソワ人の共通祖先との分岐は六四万年前と考えられていますから、分岐してからの三〇万年間にどのような進化の道筋をたどったのかは、化石証拠からはまったくわかっていないのです。さらにいえば、この分岐がアフリカで起こったという証拠はなく、ユーラシア大陸で起こった可能性もあります。さらなる詳細は、化石の発見とゲノム解析の進展を待つしかありません」

「ホモ・サピエンス、ネアンデルタール人、デニソワ人という三種の人類は、数十万年に渡って共存していました。互いに交雑することによって遺伝子を交換してきたこともわかっています」

「ネアンデルタール人とデニソワ人のハイブリッドも見つかっていますから、両者の間で遺伝子の交流があったことは確実です。この三者に関しては交雑を妨げるような文化的なバリアが低かった可能性があります。なぜホモ・サピエンスだけが残ったのかその謎を解く手がかりとなります」

「四〇万年前から一〇万年以上前のどこかの段階で、アフリカのホモ・サピエンスとネアンデルタール人は最初の交雑を行い、ネアンデルタール人のミトコンドリアDNAとY染色体が、ホモ・サピエンスの祖先のものに置き換わっています。その後世界展開の中でもホモ・サピエンスはネアンデルタール人やデニソワ人とたびたび交雑することになりました。私たちが持つこれらの先行人類のＤＮＡは、このときに受け継がれたものですが、その時期についてもより詳しい推定が行われています」

さらに、篠田館長は、それより新しいルーマニア発見の男性の例をあげてネアンデルタール人由来のＤＮＡを保持していることを指摘し、こう述べている。

「三者のゲノムを比較した結果、ホモ・サピエンス固有のゲノムは全体の一五～七％程度だということがわかっています。六〇万年というのは、人類進化の道筋の中では一割にも満たない長さになりますから、この程度の変異しかないのも不思議ではないでしょう」

「我々は孤立の果てに単一の主として地球上に立っているわけではなく、過去の多くの人類をその中に包含しているのです。この事実こそが人類という特殊な生物の本質をあらわしているように思えます」

ネアンデルタール人とデニソワ人のゲノムの解析と、両者がホモ・サピエンスに遺伝子を残していることの発見は、二一世紀の新たな大きい発見で、今後、そこからわかってくることが多いだろうと思われ、目を離すことはできない。以上、長い文章で引用をしたが、一番ホットな事柄で今後の展開が予想されるからである。

コラム　ネアンデルタール人関連略史（デニソワ人関係も含む）

一八四八年　ジブラルタル洞窟でネアンデルタール人の化石発見
一八五六年　ドイツ・デュッセルドルフに近いネアンデルタール渓谷で採石場の洞窟からネアンデルタール人の人骨発見
一八五九年　フールロットが発見された化石についての論文を発表
一八八六年　ベルギーのスピーにおける発見で人類の原始的形態を確認
一九三二年　現在のイスラエルでネアンデルタール人遺跡発見
一九三七年　最初のネアンデルタール人博物館が開館
一九三八〜三九年　デシク・タシュ洞窟でネアンデルタール人の調査。四九年出版。
二〇〇一年　ネアンデルタール再発見地点の再発掘で頬骨が接合される
二〇〇七年　オクラドニコフ洞窟の化石がネアンデルタール人と判明
二〇〇八年　デニソワ洞窟で人骨発見。二〇一〇年三月DNA配列発表
二〇一〇年　五月、ネアンデルタール人のDNAで、ホモ・サピエンスとの交配確認（ビンデジャ洞窟の人骨）
二〇一三年　スペインのシマ・デ・ロス・ウエソス洞窟化石のDNA分析成功
二〇一六年　ネアンデルタール人の古代DNA再解析で現生人類との交雑確認

二〇一八年　ネアンデルタール人（母）とデニソワ人（父）の混血を洞窟で確認
二〇一九年　中国甘粛省で一六万年前の下顎骨がデニソワ人のものと同定される
二〇二一年　シベリアのオクラドニコフ洞窟で五万年以上前のネアンデルタール人骨を発見。ゲノムを解析。
同　年　フィリピンのネグリトとデニソワ人の交雑があった証拠が判明

第四節　アフリカでのホモ・サピエンス

猿人から原人、旧人を経て、いよいよアフリカでの現生人類（ホモ・サピエンス）について語る順番が来た。

猿人の段階では、樹上での生活から地上での生活に移り、直立二足歩行が基本となり、次第にサルや類人猿からヒトらしくなってきた。しかし、一見したところでは体毛があって時おりナックル歩行もするなど類人猿にも近く、グループも数人から数十人で、社会生活らしいものはまだ初歩的であった。また、猛獣を見かけるとさまざまな叫び声は発しても複雑な内容の言語は話せなかったし、論理的な思考もできなかった。

原人（約二五〇～二〇〇年前）になると、グループの人数は大分大きくなり、五〇人から一〇〇人余り、火を使用し、食物を手に抱えて運搬し、旧石器などの狩猟の道具の使用などもできるようになった。ジャワ原人、北京原人、ドマニシ原人などのホモ・エレクトスは、アフリカでの他の原人と同様に、ヒトの原型らしいものを備えるようになった。しかし、まだ、新人のホモ・サピエンスと比べたら原始的な要素も強く、現生人類の社会生活とはほど遠いものがあった。旧人は、体格や外形は新人に似てきて。新人との交雑も可能になったから、諸外国の学者によっては新人に分類する者も出ている。

ホモ・ハイデルベルゲンシスやネアンデルタール人については、ホモ属に分類され、後者はホモ・サピエンスとの交雑も確認されているし、勇敢に動物と戦ったが、現生人類までにはなお進化が必要という見方が大勢である。しかし、一番現生人類に近いネアンデルタール人は三〜四万年前に絶滅し、その後の化石は発見されていない。これまでホモ属の原人、旧人の化石は約一〇種類以上確認されているが、ホモ・サピエンス以外は、時期はそれぞれ別々だがすべて絶滅している。

アフリカのホモ・サピエンスは、三〇〜二〇万年前からは化石があちこちで発見されるようになっているが、現生人類に近いものは一〇万年前くらいにならないと出現しないといわれ、二〇万年前くらいから現生人類と同様な姿形になったといわれる。古い型のホモ・サピエンスは、「出アフリカ」をしたもの以外は一〜二万年前までアフリカに残っていたといわれ、当初は進化の進んだものと混在していたようである。

比較的近代に近いホモ・サピエンスの化石は、エチオピア南部で一九六七年に発見された「オモ一号」と「オモ二号」があり、オモ渓谷の地層から掘り出された頭骨であった。測定の結果、これらは一九万五〇〇〇年前のものとわかっている。これらの頭骨は私たちの祖先と非常によく似ているが、現生人類よりやや大きく、顔立ちは平たく頬骨が高いのが特徴である。

また、一九九七年になってさらに三個の頭骨（ホモ・サピエンス・イダルトゥ）が同じくエチオピアのヘルト村の近くで発見されているが、大人二人と子供一人のもので、一六万年前の化石と推定されている。

これより以前のホモ・サピエンスの化石と推定されるものには、既述のモロッコのジュベル・イルードで発掘された全身遺骨（三〇万年前）と、南アフリカのフローリスパッドで発見された顔面部と頭蓋冠の化石（二六万年前）がある。三〇万年前のアフリカ内部の化石は均一性が高いとされているものの、それぞれかなりの違いがある。

アフリカのホモ・サピエンスを考える場合は、現代人と同様にサハラ砂漠以北と以南に分け、サハラ以南の赤道付近が現生人類の揺籃の地とする学者が多い。ただ、地球の気候は、温暖化と寒冷化が繰り返されてきたから、サハラ砂漠が湿潤化した時期もあり、あまり杓子定規にはいかないようである。これは、ホモ・サピエンスの「出アフリカ」の原因を考える上でも重要な視点である。

人類のアフリカ単一起源説と矛盾するようであるが、原人からホモ・サピエンス（新人）に至る過程で、ネアンデルタール人やデニソワ人の祖先が六〇万年ほど前にホモ・サピエンスとの共通の祖先から分岐したことと関連して、六〇万年前から三〇万年前までの新人化石が見つかっていないことで疑問がでている。そして、ホモ・サピエンスは一旦ユーラシアに出て、またアフリカに戻ったのではないかという説もあることを紹介しておきたい。しかし、ユーラシア出奔説には確たる根拠がないので、ホモ・サピエンスの連続性については、アフリカでの化石で裏付けとなる三〇万年以上前の化石の発見が必要とみなされている。

ところで、ホモ・サピエンスは、出アフリカまでの一〇万年か一五万年はどんな生活をしていたのであろうか。アフリカといっても多種多様で、それぞれ語族別に小規模なグループを作って移動しながら生活していたようであり、大別すると北から言語別にアフロ・アジア言語、ナイル・サハラ言語、ニジェール・コンゴ言語、バンツー言語、コイ・サン言語と分かれていた。多くは狩猟採集を中心とした生活をしていたが、アフリカは、遺伝子的多様性でみて世界の八五%が集まっており、言語の数は全世界に六〇〇〇ある言語のうち約三分の一がアフリカで使用されている。ただし、一〇万年以上移動生活を繰り返していたから、現代の比較言語学では分析困難な言語が多かったであろう。

これらの言語の人びとのうち、コンゴ・ニジェール言語のグループは比較的早くから農耕民、牧畜民の言語を用いていた。

アフリカでの初期のホモ・サピエンスについて、国立科学博物館の篠田謙一館長（分子人類学）は次のように書いている（『DNAで語る日本人起源論』）。

「人類はアフリカ大陸で、地理的、時代的に変化する多様な環境に適応してきたのです」

「ホモ・サピエンスは誕生から一〇万年、この大陸の中だけで過ごしてきたことになります。その間に多様な環境の中で生活していく術を身につけたはずで、それが出アフリカ後の急速な世界展開に有利に作用したとも考えられます」

「DNA多様性から、アフリカにいた初期のホモ・サピエンス集団は、全体として数千人程度だったと考えられています。彼らは、採集狩猟民であることから、数十人単位の集団による移動生活を送っていたはずです」

「一三万五〇〇〇年前から七万年前までのアフリカは、大きな気候変動を繰り返していたことが指摘されています。極端な乾燥化と湿潤な気候が交互に現れる環境だったようで、生存が脅かされる事態も多かったことでしょう。この時期に文化的要素を発達させた生存の危機は、同時に人類に新たな能力を身につけるチャンスを与えました。滅亡した集団も多かったが、生存の可能性を高めていき、そしてやがて世界に飛び出していったのです」

　最初に分かれたホモ・サピエンスの女系ミトコンドリアDNAハプログループL0は、一五～九万年前と見積もられている。これらがその後L1、L2、L3のマクログループに分かれ、「出アフリカ」前後の過程でさらにミトコンドリアL3はMとNなど様々なDNAのグループに枝分かれして、ユーラシア大陸に拡散していくことになったのである。

ホモ・エレクトスなどの原人につづいて、ネアンデルタール人、デニソワ人などの旧人も、ホモ・サピエンスより早い段階にホモ・サピエンスとの共通の祖先から分かれて、その後、アフリカ以外の地域でホモ・サピエンスと共生したり、分かれたりしていた期間が長く、二〇一〇年前後になると旧人と現生人類の双方の間で交雑が行われたことが確認されるようになっている。「出アフリカ」の頃には、すでにさまざまなＤＮＡと言語のグループが合同して初期拡散をした可能性があり、その後ユーラシアでどのように大きな変化に直面したか分かれば、古代人類学の研究に役立つであろう。

最終的には、ホモ・サピエンス以外のヒトは完新世以前に絶滅することになるが、何がその要因だったのだろうか。単なる偶然か、生殖能力の差が表れたのか、ホモ・サピエンスとの確執や戦いがあったのか、気候の寒冷化に適応できなくなったのか、そうした原因を追究することができれば、今後の研究に役立つであろう。また、歴史的なアフリカの語族と現代のアフリカ各地域での言語の系統性を追究することも、重要な課題となっている。

コラム　虫歯の人類史

ヒト属にも虫歯があったことを示す証拠は約一五〇万年前に遡る。ホモ・ハイデルベルゲンシス（約五〇万年前）にはひどい虫歯があった。糖をあまり含まない食事をする人は口腔環境の細菌の繁殖に適していないためリスクが少ない。しかし、糖が主要栄養素となるような農耕民の食事では、口内の生態系が大きく変化する。狩猟採集民の歯は初期の農耕民より大分健康的だったとはいえ、彼らもまた虫歯に苦しめられた形跡がある。自分で歯を手入れする行為は約一三万年前に遡るとされている（クリガン＝リード『サピエンス異変』より）。

第三章　「出アフリカ」から世界への拡散

第一節　ホモ・サピエンスの「出アフリカ」

ホモ・サピエンスは、アフリカを脱出する六～七万年前より以前に、気候条件や食料確保の闘いの中で、アフリカ内で移動を繰り返していた。現在のアフリカ人のミトコンドリアDNAの全塩基配列を使った系統分析からは、ホモ・サピエンスの共通祖先は、二〇万年から一五万年前にアフリカに存在したとみられており、最初に分かれたハプログループはミトコンドリアDNA・L0を高い頻度でもっていたとされる狩猟採集民である。これはカラハリ砂漠のコイ・サン語族の人びとで、ホモ・サピエンスのもっとも古いグループの一つである。次に分かれたのは中央アフリカの密林地帯に住むピグミーのもつハプログループL1を多く有する人たちで、七万年ほど前に分かれたとされている。この語族の人たちは、東アフリカと南アフリカに集住する人たちで、この人たちもコイ・サン語族の狩猟採集民で、赤道地帯を移動した後にカラハリ砂漠に到達したとみられている。

こうした移動で経験を積んだ人たちの中から「出アフリカ」（英語で「アウト・オブ・アフリ

カ」）を果たすグループが生じたとみられている。

「出アフリカ」という用語は、キリスト教の旧約聖書に出てくるモーセの「出エジプト」になぞらえた言葉である。アフリカ内部で気候条件や食料確保の闘いをしていたホモ・サピエンスの一部には、長い間アフリカ大陸内部で移動を繰り返す中で、思い切ってアフリカ以外の見知らぬ大地に飛び出したいというグループが出現しても不思議ではない。

一番「出アフリカ」が早かったホモ・サピエンスの人たちは一三〜七万年くらい前に、東地中海沿岸のレバント地方に向けて出発したとみられている。しかし、苦労して、イスラエルのカフゼー、スフールなどのレバント地域の洞窟に行きついても、寒波でヨーロッパ方面を南下するネアンデルタール人とぶつかり、北上をあきらめ、彼らと共同生活をしたり、故郷に戻ったりするものたちもいたようである。こうした移動の中で、地図もコンパスもない旅路だけに、途中で絶滅してしまった集団もあり、それらの集団のその後の消息はつかめていない。

レバント地方では、現生人類はしばらくネアンデルタール人と共同生活や接触をし、その間に双方の間で第一次の性的交雑が行われた可能性が高い。ネアンデルタール人はその後アフリカには行かず、西・中央アジアやヨーロッパ方面に移住したと確認されている。

ホモ・サピエンスがアフリカで種として確立したことについては、学者の間であまり異論はないが、それがコイ・サン語族のいたカラハリ砂漠から南アフリカという説もあるし、中央アフリカ説もあり、アフリカ全体で進化したという見方もあり一致していない。

それから、アフリカ全体で一斉に農耕や牧畜が行われるようになるのは、「出アフリカ」後約五万年ほど経った一万年前とみられており、かなり新しい時代の事柄である。

ここで問題にしているのは、ホモ・サピエンスの「出アフリカ」（現生人類の初期拡散に通じる）であるが、もっと最初に「出アフリカ」をしたのは、ホモ・エレクトス（ドマニシ原人＝ジョージア、ジャワ原人、北京原人等）などの原人で、一八〇万年ほど前に「出アフリカ」を敢行したとみられている。また、旧人の「出アフリカ」も八〇万年前から五〇万年前に行われており、ユーラシア大陸まではホモ・サピエンスより前に「出アフリカ」をおこなっているが、彼らはオーストラリア大陸、アメリカ大陸、日本などには行っておらず、ユーラシアでも拡散した地域はは限られていたようである。

ホモ・サピエンスの「出アフリカ」については、その時期は現生人類史に関係する特筆すべき出来事なので、まず、その年代とルートを確認しなければならない。

人類は、原人・旧人の頃を除いても、ホモ・サピエンスも二〇万年前頃から何度も出アフリカを試みたことはあったようである。しかし、現生人類に通じる「出アフリカ」（初期拡散）は六～七万年前の出来事であった。これは、男系のY染色体と女系のミトコンドリアDNAの双方の算定でかなりの期間の相違はあるが、全世界でのホモ・サピエンスの化石の年代などを比較してみて六万年前後というのが矛盾のない数字とされている。また、最も古いホモ・サピエンスの骨であるシベリアのウスチ・イシム人骨のゲノムからの推定でも、ホモ・サピエンスとネアンデルタール人の交雑の時期が五〜六万年前と算定されているので、「出アフリカ」から間もなく交雑があったと考えれば年代は一致する。

アフリカ以外でホモ・サピエンスの化石が発見されるのは、六万年前以降になるので、それらの祖先は長くアフリカで生息していたものとみなされている。アフリカ以外の共通祖先は、いくら遡ろうとしても六万年以前には遡れないので、出アフリカは六万年前と推定されているわけである。もし、それ以前にアフリカを飛び出したホモ・サピエンスのグループがあったとしても、子孫を残すことができず、絶滅したとみなさざるをえない。

「出アフリカ」のホモ・サピエンスは、最初はユーラシア、その後オーストラリア、最後に南北アメリカで南米の南端まで辿り着き、一万五〇〇〇年前頃までには南極を除く五大陸の果てに到達しているので、約四万五〇〇〇年で地球の果てまで進出している。

そして、この六万年前に始まった「出アフリカ」以降のホモ・サピエンスの拡散を「初期拡散」と呼んでいるが、彼らは当然ながら狩猟採集で身を立てる以外に手段はないから、約一万数千年前に始まる「農業革命」（農耕と牧畜の開始）までは、狩猟や採集を中心とした暮らしで食いつなぐのに大変な苦労をしたことが想像される。

これらのグループが「出アフリカ」をした理由は、アフリカ内部で気候の変化や食料獲得で闘ってきたものの、人口の増加もあって限界があり、より安定した食料獲得のために新天地を探したことにあったことは確かであろう。したがって、アフリカでは暮らしの改善に限界があるので飛び出たという面と同時に、見知らぬ大地で冒険し、羽ばたきたいという期待の双方があったと思われる。彼らはすでにアフリカ内部で長く厳しい生存競争をし、新しい大地で生活できる知力、体力、忍耐力の面で自信をつけていたのであった。

しかし、この初期拡散で「出アフリカ」をしたグループは、さほど大きいグループではなく、数十人から数百人、多くても千人以内だとみられている。なぜなら、数千、数万という規模になれば、見知らぬ土地での衣食住や毎日の食料確保がとてもその人数に追いつかず、全体の管理と統制がとれないと想像されるからである。彼らが数万規模の人数に達するには、相当な長期間をかけて衣食住確保の目途がつく必要があった。彼らのグループの構成員は、初期拡散の結果、自らの集団の衣食住が充足できる自信をつけたといえる。

その意味では、すでに「出アフリカ」を敢行したグループは、共通の言語をもっていて、相互協力と調整ができる能力をもっていたことは間違いないと思われる。

次に、「出アフリカ」のルートについては、二つの説があって、どちらが有力か論争がある。一つは、アフリカ北東部から地中海東部のレバントへ抜ける北方ルートで、サハラ砂漠が脱出の障害にならず、陸続きでアフリカを出て、西アジアやヨーロッパ方面に到達できる安全な道筋である。

もう一つは、アフリカ東部のパブ・エル・マンデブ海峡を出てアラビア半島に抜ける南方の海上ルートである。アフリカ北東部の「アフリカの角」と呼ばれている半島からアラビア半島に向けて紅海を渡るこのルートは、当時舟や筏《いかだ》があったかどうかという難点があるものの、紅海を挟む双方は考古学的にも相当近い関係にあり、当時の海峡は氷河期で今よりも短距離で渡りやすかったという面もある。そして、当時は海水がかなり沖合まで干上がっていたが、その海が後に陸に向かって進んできて、「出アフリカ」をしたホモ・サピエンスの足跡は消されてしまったとされている。

このルートでいけば、海沿いのルートを、アラビア半島→イラン→インド→東南アジア→オーストラリアと、かなりの「超特急」(といっても一万年程度はかかっている)の南方ルートでユーラシア大陸南部を抜けてアジア・大洋州に行けたはずという有力な指摘である。

国立遺伝学研究所の斎藤成也教授は、著書『人類はできそこないである』で、次のように述べている。

「アフリカの大地に住んでいたホモ・サピエンスの中で居住地をめぐる競争が起こり、争いに負けたグループが移動を余儀なくされたからではないか、と私は推理しています。

競争に勝利して残ったのが、現在のアフリカ人の祖先です。移動しようにも地続きのルートはほかのグループにさえぎられているとわかったとき、『水面がある』と発想の転換をした。グループが川に流れている木をヒントにいかだを作ったのかも知れません」

ルートについては、北方と南方の双方の二方面から「出アフリカ」を果たしたとの折衷案もあるが、炭素Ｃ14による年代測定では六～五万年前は、正確に測定できない点があって、ルート確定は困難で、双方のルートを併用した可能性もあるといえる。

いずれにせよ、ユーラシア大陸の南側をイラン、インド方面に行ったグループは、比較的短期間で東南アジアからオーストラリアまで到達しており、そのことは約五万年近く前のインドやオーストラリアなどの遺跡により確認されている。

「出アフリカ」がどのような人数、規模でおこなわれたか、どのようにホモ・サピエンスが食物を獲得し生き延びたのか、「出アフリカ」の本当の要因は何だったのかなど、まだ正確に解明しなければならない問題はいろいろ残されているが、結果的に見て「出アフリカ」が成功したことは事実である。

「出アフリカ」が行われた五～六万年前から、農業生産が始まる一万数千年前までは後期旧石器時代と呼ばれる時代で、気候的に氷河期があり寒暖の差が大きく、「出アフリカ」は困難であったことは事実である。ホモ・サピエンスはその困難を乗り越えたわけだが、そのことは人類が大きな試練を克服したことを意味している。

この過程をみて、もう一ついえることは、当時の「出アフリカ」を果たしたグループのメンバーは、それぞれが、かなり高い生活能力をもっており、食料を確保すると同時に後世に子孫を残し続け、世界に拡散できたことである。「出アフリカ」に成功したグループとその他の残留したグループとで知力、体力に大きい差異があったとは思えず、差異が出たとしたら、勇気と環境への適応能力の差異に過ぎなかったともいえる。

コラム　ヒトとチンパンジーの成長期間

	ヒト	チンパンジー
胎児期	二七〇日	二四〇日
幼児期	六年	三年
若年期	一四年	七年
成人期	六〇年	三〇年

両種の系統的関係

両種ともゲノムの長さは約三〇億塩基対で、遺伝子の総数はチンパンジーが約二万二〇〇〇個、ヒトは二万二〇〇〇～四〇〇〇〇個と推定され、塩基配列の相違はおよそ一・二三％であるが、両者間には多数の重複配列や反復配列の差がある。

第二節　ユーラシア大陸への展開

ユーラシア大陸への人類の拡散

ホモ・サピエンスが「出アフリカ」をした六万年前は、地球は氷河期を経て温暖化に向かっていたが、五万年前になると一転して寒冷期に入る。もっとも氷床が拡大したのは今から二万一〇〇〇年くらい前の時期で、最寒冷期と呼ばれ、過去数万年の中でも最も寒い時期であった。そのあとまた温暖な気候が戻るが、一万三〇〇〇年ほど前にまた大きな寒波がやってきて、寒波と温暖期（間氷期）とが繰り返し訪れ、ユーラシア大陸に脱出したホモ・サピエンスのグループは離合集散と温暖な場所への避難を余儀なくされた。こうした著しい寒波は、それまで温暖なアフリカで生き延びてきたホモ属にとっては大きい試練となるもので、ホモ・サピエンスは何とかこうした気候変動の試練を乗り越えたが、ネアンデルタール人やデニソワ人、ホモ・フロレシエンシスなどは絶滅に追い込まれるものが多かった。絶滅は氷期の気候が主要因なのか、ヒトの種間の競争や暗闘など他の要因も絡んでいるのか不明である。

これまで一番早く移動したホモ・サピエンスは、南ルートでバブ・エル・マンデブ海峡からアラビア半島→イラン→インド→東南アジア→オセアニアへと、ヒマラヤ山脈の南側のルートを通って「超特急」でアジア方面に拡散した人類だった。当時は、寒冷期で海の水位も低く、

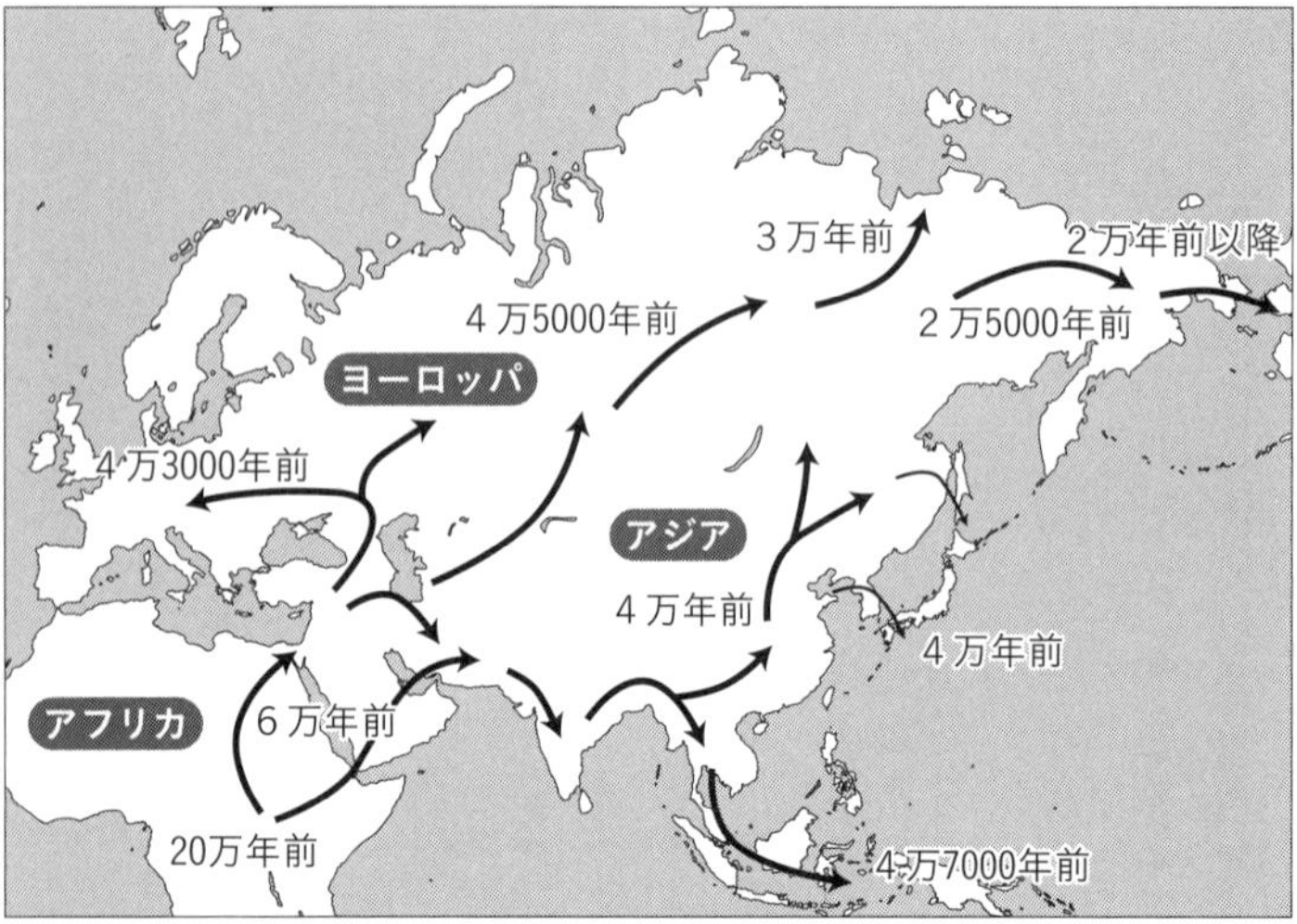

ユーラシア大陸の初期拡散

東南アジアではスンダランドが陸続きでインドネシア方面に伸び、またニューギニアからオーストラリアへもサフルランドと呼ばれる陸地が伸びていて、舟が必要な海峡の距離は比較的短かった。オーストラリアのアボリジニの祖先は、いち早く舟を調達して「出アフリカ」をし、インドや東南アジアを経た後、また海路を舟で進んでオーストラリアなどに到着、「出アフリカ」後一万年余の時期の遺跡が現地に残されている。

北ルートで地中海東岸のレバントから北上したホモ・サピエンスは、ユーラシア大陸で、西に向かうヨーロッパ組と、東側の中央アジア・シベリア方面に向かうアジア組に分かれて北側のルートを拡散していった。しかし、理由は不明だが、東西に分かれる以前に中東近辺で一万年ほど停滞と現地滞在の期間が続いたため、実際に東西への分離・移動を開始したのは五万年前くらいからであったとみられている。

もっとも、シベリア方面をめがけて、イルクーツク、バイカル湖方面に向かったホモ・サピエンスの中には、DNAを調べてみるとヨーロッパ系のミトコンドリアDNAが発見される遺跡（マリタ遺跡）が存在するなど、必ずしも画然とヨーロッパ人とアジア人に分かれるゲノムの分岐をおこなったわけではない。後に東アジア人がベーリング海峡を渡って、ベーリング海峡からアメリカ大陸に移動する際には、アジア系の北上したグループと一緒にヨーロッパ系のマリタ人のグループも同行しており、双方が混然となってアメリカ大陸へ拡散したことが明らかになっている。アメリカに移住した先住民の中には東アジア系だけでなくヨーロッパ系のゲノムをもった人びとも含まれていることが判明している。

ヨーロッパ方面への拡散

それはとも角、まずヨーロッパ方面に拡散したヒトたちから紹介すると。現在八体の古いホモ・サピエンスの化石骨（四〜五万年前）が東ヨーロッパ方面などで発見されているが、そのうち、ウスチ・イシム、ズラティ・クン、オアセ一号などの化石骨は現在では一定時期のゲノム（DNA）しか残っておらず、途中で絶滅したものが多いことがわかっている。他方、東アジア系統、ヨーロッパ系統などの、ユーラシア基層集団の中には現在までゲノムを残している新生人類も少なくなく、初期拡散したヨーロッパ系統は離合集散の結果、ゲノムが一定複雑化して残されている。今から五万年前頃に、ユーラシア集団では東西集団の分岐が起こり、ヨーロッパ集団は、アジア集団と分かれて西へと向かっていった。

近代になって文明がもっとも早く開花する西ヨーロッパ集団の例をあげると、四万五〇〇〇年前後遡った頃の古人骨が最古の証拠として残されているが、その中にはネアンデルタール人のムスティエ文化、ホモ・サピエンスのプロトオーリニャック文化、シャテルペロン文化など、さまざまな文化が西欧各地に分散して残されていた。四万〜一万五〇〇〇年前になると、ホモ・サピエンスのクロマニョン人がマグダレニアン文化（マドレーヌ文化）を築き、末期にラスコー、アルタミラなどフランス・スペインなどの多くの洞窟に見事な壁画を残している。これらの人たちは、その時期以前から、いずれも狩猟採集を生業としていて動物と格闘した人々であるが、その中には中国の山頂洞人とゲノムが似たクロマニョン人も含まれていた。

作家のチップ・ウォルターはクロマニョン人についてこう書いている。「彼らの武器類は進んでいた。その中には骨製の投槍器の発明も含まれていた。……彼らは地球上で最も恐ろしい狩人になった。彼らはフリントで非常に鋭い刃や槍の穂先を作るのがうまかった」

クロマニョン人には、その出没と消滅について諸説あるが、いくつかを紹介してみたい。クロマニョン人は、ハイデルベルグ人やネアンデルタール人のホモ属（原人・旧人）と同列に論じられることがあるが、通説はホモ・サピエンス（新人）の一種で、地中海経由で「アフリカから南ヨーロッパへ渡った移民」と紹介されることが多い。一八六八年に南フランスの鉄道工事中に五体の人類化石がクロマニョンで発見され、その後他のヨーロッパ諸国やアフリカ北部でも同種の化石が発掘されている。クロマニョン人は、現生人類より一昔前の初期の新人で、特にフランスとスペインを中心に南欧諸国の洞窟に動物壁画をたくさん残している。一番有名なのはラスコー洞窟（フランス）とアルタミラ洞窟（スペイン）であるが、壁画のある洞窟の数は合計すると三〇〇以上に上るといわれ、現在も調査が続いている。

フランスのラスコー洞窟の壁画（国立科学博物館）

　クロマニョン人が描いた動物は、マンモス、ケブカサイ、バイソン、ウシ（オーロックス）、ヤギ、ウマ、ライオンなど大型と中型の動物が多い。中には、マンモスばかりを描いた洞窟もあるし、大きなウマを浮き彫りにした岸壁もある。赤、黒、黄色などカラーで描かれた動物も多く、ほとんどは、一般にはレプリカしか公開されていないが、壁画の保存がよく、一～二万年前の壁画なのに現代アートのようにリアルに見る人に迫ってくるものが多いといわれる。シカの群れ、疾走するウマの群れなど群像が描かれているものも多いし、壁画は多様である。それらのレプリカは各国の中学、高校の歴史教科書に、壁画、天井画のカラー写真が掲載されているものも多いが、ラスコー洞窟やアルタミラ洞窟以外にも、心打たれるものが多いといわれている。

また、ドイツ、チェコ、他の東欧諸国等では、二〜四万年前の彫刻や焼け土の人形も発掘されているが、クロマニョン芸術かどうか調査が完了していないものもある

また、クロマニョン人は、その後絶滅したのか、アフリカに戻ったのか、他のヨーロッパ人にDNAを残しているのかなども謎に包まれている。中には、クロマニョン人は犬以外の家畜を飼育できなかったので滅んだなどという説もある。

現代ヨーロッパ人の持つミトコンドリアDNAは、一二種類ほどのミトコンドリアDNAからなっているが、そのうち古い採集狩猟民の三万五〇〇〇年前のDNAハプログループはU5が多数で、特にスカンジナビア半島など北欧にいくほど比率が高く、農耕民（一万数千年前）ではハプログループJが多いという結果が出ている。またハプログループKは、のちの時代にのユダヤ系アシュケナージの人びとが高頻度で保有している。

西ヨーロッパの集団は、オーリニャック、グラベット、マグダレニアンと文化は変わったが、最後の氷河期が終わった頃には、バルカン半島など東南部から新たな遺伝子をもった集団が、イタリアやスペインなどに移動して西欧南部を席巻し、またロシアのスンギール人集団も西ユーラシア方面を狩猟採集文化で席巻した。さらに、中東からは、独自の遺伝構成をもつ狩

猟採集民がヨーロッパ方面に進出し、その後新石器時代になると、一万年ほど前から農業や牧畜（小麦や大麦、ブタ、ヒツジ・ヤギなど）をヨーロッパ一帯に広めた農耕集団もあった。

この狩猟採集経済から農業と牧畜の開始の時期については、農牧民が狩猟採集民にとって代わったという置換説や、双方が混血していったという混血説、さらには双方が混在したまま暮らしていたという混在説などさまざまな学説がある。ちょうど日本で紀元前一〇〇〇年前後に縄文時代から弥生時代に移った際に渡来人の水田稲作のための伝来をめぐって、渡来人による置換が行われたか混血が行われたかという議論があるのと似たところがあり、日本の学界では混血を基礎とした「二重構造モデル」が長期に渡って定説になっている。

ヨーロッパでは、もう一つ、五〇〇〇年前の青銅器時代に、東欧の牧畜民の集団であるヤムナヤの文化（現在のウクライナのあたり）が、ステップ地帯を西方に移動して、ヨーロッパの広範な地域のゲノムや文化を一変させた動きがあった。ゲノムについては、チェコやドイツ辺りから北欧まで、DNAがかなりヤムナヤ人のものにとって代わられ、文化では網目文土器が広まり、この移動の中でペストへの感染もヨーロッパに広まった。現代ヨーロッパ人のゲノムや文化は、このヤムナヤ文化との関わりによって変わった面が強い、といわれている。ペストは、ペスト菌に感染したノミなどを媒介として流行する伝染病であるが、世界的な大流行は、五四二〜五四三年、一三四六年〜一三五三年、一八九四年と三回あり、その他にもヨーロッパや、中東、北アフリカなどで局部的に何度も伝染があった。そしてペストはヤムナヤ集団と共にヨーロッパに入り、多くの農耕民に長期間大きい打撃を与えた。

また、インド・ヨーロッパ語族は、ヨーロッパ全体の言語を考える時に重要な位置を占めるが、これもアナトリア（トルコ）方面からの影響とヤムナヤ文化との双方の関連の中で、学説を再考する必要があるのではないかとみられている。

さらに、イタリアとオーストリアの国境付近のアルプスの山中（標高三二七〇メートル）で、一九九一年に、男性の冷凍ミイラが発見される出来事があった。年代分析をしてみると五三〇〇年前の新石器時代のミイラで、ＤＮＡ分析の結果、この「アイスマン」は、イタリアのサルデーニャ島に移住した初期農耕民の子孫である可能性が強いことがわかった。ヨーロッパでも、五〇〇〇年前の新石器時代には「農業革命」が進行している最中で、狩猟採集民と農耕民の混血が進んだが、「アイスマン」は、それより少し前の農耕民である可能性が強いことが判明している。

アジア方面へのホモ・サピエンスの拡散

ユーラシア大陸を東に向かったホモ・サピエンスは、南回りでアラビア半島から西アジア、インドなど南アジアに到達し、さらに、ヒマラヤ山脈の南側を通って東南アジアに出たグループが一つと、中央アジアからシベリア経由でモンゴルや中国方面に向かったグループが一つの合計二つがあった。これらのグループは、南回りのグループが東南アジアから中国・東アジア方面に向かい、シベリアを経由した北回りのグループが中国や沿海州に南下し、東アジア周辺の地域で南回りのグループと再会した（ミッシング・リンクの完結）といわれている。といっても、中国の東には日本や、朝鮮半島、台湾、フィリピンなどがあるだけで、あとは広い太平洋だから、二つのグループが再会した一番東側の地点は沿海州か日本列島など、東アジア一帯であった可能性が強い。また、再会といっても、南ルートのグループが日本に到着したのは今から四万年近く前で北ルートのグループは二万五〇〇〇年から三万年前になるから、双方とも「出アフリカ」をしたあとに二一～三万年経った後の末裔で、数えるのが困難なほど多くの世代を経ていた。その間には多くの試練と離合集散、ゲノムの変化があっただろうから、当人たちは「かつての同胞に会った」「ミッシング・リンクが結合した」などというのんきな気持ちが持てなかったのは当然である。

日本と関連した事柄は、第二部で詳しく述べることにして、アジアについてここで述べて置きたいのは、インドなどの南アジア、ベトナム、タイなどの東南アジア、中国、朝鮮半島、沿海州などの東アジア、それにシベリア東部からアリューシャン列島、ベーリンジアについてである。

インドなどの南アジアは、現代では、インドと周辺諸国を含めると、一〇数億人と人口が世界でももっとも密集した地域であり、言語もインドだけで四つの語族に分かれている。そのうち、北部で話されているヒンディ語は、インド・ヨーロッパ語族に含まれ、人口の八〇％がここに属している。二番目に大きい語族である東南部のドラビダ語族は全体の一七％の人口を占め、その他のヒマラヤ山脈のふもとの語族やベンガル湾の東側の地域の人々などは、言語は多様だが人口はさほど多くない。インドは何回もの移住の波でゲノムが複雑になっているが、概して南方のドラビダ語族が在来集団の狩猟採集民を基礎として構成されているのに対し、北方の集団は、在来集団とヨーロッパ系住民の混合によって構成されていて農耕民の集団が基礎になっている。

現在のインド東南沖のアンダマン諸島の住民がもつDNAのY染色体D（祖型）は、チベット人（D1）や日本の縄文人（D2）と共通したD系統のY染色体をもっていて、世界でも珍しいY染色体の集団である。また、インダス文明は、インドの北西部に四六〇〇年ほど前に起こった農耕と狩猟採集の民が混住した集団がつくったもので、世界の四大文明の一つに数えられている。その文明の人たちのゲノムはハラッパーなどの住民のDNA解析でイラン系とも近いことがわかっており、ヤムナヤのステップ文化住民とも古い時代につながりがあったことも判明している。

東南アジアと南アジアの集団のDNAは遺伝子多様性に富んでおり、東アジア集団のDNAは、それらの多様性に富んだDNAから派生・移動した可能性が強いことが指摘されている。東アジア（特に中国、朝鮮半島など）の人びとのY染色体DNAは、O系統（NK系統が祖型）のものが圧倒的に多いのが特色になっている。

沿海州の住民の古代ゲノムは解析があまり進んでいないが、言語もゲノムも日本や朝鮮半島、アムール川沿岸などに残存しているＤＮＡや言語との関連が強いとみられている。

東南アジアや中国の少数民族のゲノム分析は歴史の浅い段階で、古代のＤＮＡ分析についてはこれからの研究に待つところが大きい、と指摘されている。中国では、稲作の発生地とされる揚子江（長江）の中下流域の住民（主としてＹ染色体Ｏ２）とアワ、キビ、小麦などの穀類栽培の発祥地である黄河付近の人びと（Ｙ染色体Ｏ３）との間の歴史的関係、ＤＮＡのつながりなどについてはわかっていないことも多く、これが日本での稲作、雑穀の農耕文化をする人びととの関連の解明の遅れにも影響しているといわれる。

「出アフリカ」の初期拡散の段階では、東南アジアから東アジアへという遺伝子の流れが中心であったが、紀元前一万年以降の中国南部での「農業革命」時代からは逆に、農耕の進んだ中国南部から東南アジアへの遺伝子の流れが強まり、インドシナ半島部、旧スンダランド島嶼部へとＤＮＡの流れが進んだ。ベトナム北部の初期農耕民のマンバック文明は農耕民と狩猟採集民のゲノムが入り交じり、中国南部からの稲作の流れは何次にもわたって東南アジアに到達した。そして東南アジアの農耕文明はやがてオセアニアにも伝播した。

日本の後期旧石器時代と縄文時代、弥生時代などの先史時代住民（ミトコンドリアＤＮＡはＭ７ａとＮ９ｂ、Ｙ染色体ＤＮＡはＤ２、Ｃ３、Ｏ２、Ｏ３など）は、中国大陸、朝鮮半島、沿海州などの東アジア、それにインドシナ半島やスンダランド（現在のインドネシア一帯）、フィリピン、台湾などの東南アジアとの関係について、研究がおこなわれている。
東南アジアは、日本と同様に大半がコメを主食としており、稲作は中国の長江一帯からさまざまなルートで伝播したものとみられる。また、焼畑農業なども、日本と東南アジアで共通している。さらに、ニューギニア近辺ではサトイモ、ヤマノイモが古くから多く栽培されている。これらの地域は、ＤＮＡについても言語の研究についても、今後さらに、人類学者、言語学者の交流・協力を深める必要性が高くなっている。

コラム　英国のピルトダウン人事件

一九一一年にC・ドーソンという弁護士業のかたわら化石収集をしていたイギリスのアマチュア考古学者が大英博物館の古生物学者A・S・ウッドワードのところへ人骨片を持ち込んだ。それは、サセックス州のピルトダウンからの動物化石と一緒に出土したもので、復元すると脳の大きさは現代人並みなのに、歯や顎はサルに近い原始的なものだった。ウッドワードは翌年、これを地質学会で人類の祖先の骨だと発表して大評判になった。ところが実際は、顎は現在のオランウータンのもので、頭は遺跡からの出土物であったが、現生人類のものだった。それを薬品でいかにも古そうに着色し、ばれそうな部分はナイフで削って巧妙に偽装したものだった。

当時の研究者はこれが虚偽であることを見抜けず、イギリスの人類学会の権威たちもその価値を認めた。ウッドワードはその化石にエオアントロプス・ドーソンと命名した。

この世紀の化石偽装事件は、一九四九年に疑問を提示した別の研究者が真相を突き止めケリがついた。しかし、三七年間誰にも見破られず、アマチュア博物学者のドーソンは三〇年以上前に鬼籍にはいっていた。日本で二〇〇〇年に旧石器偽造が暴露されたように、イギリスでも「世紀の大事件」によって人類学の進展が大きく妨げられたのだった。

コラム　シルクロードと東西交流

ヨーロッパと東アジアを結ぶ代表的な交通路である「シルクロード」は歴史的には紀元前二世紀の前漢時代に確立したといわれている。しかし、DNA分析は、二万年以上前にすでにヨーロッパから東シベリアまで到達した集団があることを示している。一九二八年のロシアの研究者によるマリタ遺跡発掘で、バイカル湖付近のイルクーツク郊外で二万四〇〇〇年前にヨーロッパ系人類が定住していたことが判明している。

近年、モンゴルや中国西域、ロシア、カザフスタンなどで、四〇〇〇〜二〇〇〇年ほど前の遺跡から出土した人骨のミトコンドリアDNAが次々に調べられ、シルクロード確立前の遺伝的特徴がわかりつつある。

第三節　ホモ・サピエンスのオセアニアへの拡散

ニア・オセアニアへ

ホモ・サピエンスのユーラシア大陸への展開に続いて起こるのは、オーストラリアからメラネシア諸島の一部の島々への拡散であった。オセアニアは、オーストラリア大陸と、ニューギニアを含むメラネシア諸島、さらに進んでニュージーランド、タヒチ、イースター島を含むポリネシア、サモア・キリバス・マーシャル諸島などのミクロネシアの四つの地域からなっている。当初ホモ・サピエンスが辿り着いたのは、インド→東南アジアを経て、さらにスンダランド→ニューギニア→オーストラリア大陸のルートであった。すでに述べたように、当時はインドシナ半島からジャワ、スマトラ、カリマンタンを含む大きな大陸棚（スンダランド）、ニューギニアと陸続きのサフルランド・オーストラリアへと渡り、さらにオーストラリアを縦断し、東南沖合のタスマニアまで到達した。

原人や旧人が出アフリカをした頃は、深海と海峡があってオーストラリアまでは行き着くことができなかった。しかし、新人の「出アフリカ」の頃になると、やっとスンダランドから小舟でオーストラリア大陸まで渡れるようになり、大陸の各方面に拡散した。その遺跡は四万六〇〇〇年以上前のものとして、現在も残されている。当時は、氷河期にあたっていたので、海面は今より八〇メートルから一二〇メートルも低かったが、それでも舟を操る技術がなければ、メラネシアの各方面に渡るのは困難だった。

サフルランド大陸北部のニューギニアへ移動した人々は、四万五〇〇〇年前ごろから、さらに海へ出る道を探すようになり、今から三万五〇〇〇年前頃には海を渡ってメラネシア対岸のビスマルク諸島へ渡り、二万九〇〇〇年ほど前には一八〇キロメートル離れたソロモン諸島にも移住することができた。現在までにそれらの諸島には更新世の洞窟遺跡が各所で見つかっている。今から二万年前になると、ニューギニア沖の島々の住民の移動はかなり増加し、またニューブリテン島の黒曜石の周辺への運搬も確認されている。さらに、ニューギニア周辺の有袋類は、複数の島へ移動して繁殖したこともわかっている。

オーストラリア大陸には、考古学的証拠によって四万六〇〇〇年前にホモ・サピエンスが進出したことがわかっているが、これは、ホモ・サピエンスがヨーロッパ大陸に到着した時期とほぼ同じ時期であり、オーストラリアにはユーラシア南部を南回りルートでかなりの速さで辿り着いたとみられている。核ゲノムの解析では、ホモ・サピエンスの初期拡散で到達したのは、オーストラリアのアボリジニとパプアニューギニアの高地人、そして、そこから分岐して三万五〇〇〇年ほど前にフィリピンに到着したネグリトだとみられている。これらの人びとは、互いに後の時代まで没交渉のまま、それぞれの地域で現代まで過ごしたとみられている。

オーストラリアの先住民アボリジニは、当初は広い大陸に拡散して住んでおり、ヨーロッパ人が近代になって進出するまでは、各地域ごとに特色ある文化を形作っていたのであるが、ヨーロッパ人が一八世紀以降にやってくるようになると、その迫害で追い詰められ、古代アポリジニ文化やゲノムの調査もされないまま、歴史が不明の人類とみなされてきた。そうした歴史のせいか、アボリジニはその後も成立の歴史が不明なまま放置され、またニューギニア人についても古代ゲノムの調査はおこなわれてこなかった。しかし、大雑把にいって、これらの人たちは、謎の人類といわれるデニソワ人のゲノムをもっていることがわかっており、拡散の過程でデニソワ人と交雑がおこなわれたことは確実とみられている。

リモート・オセアニアへ

ニア・オセアニアと呼ばれるオーストラリアからメラネシアのソロモン諸島辺りまでは、三万年以上前にホモ・サピエンスが到着したことが判明しているが、ミクロネシア、フィジーやバヌアツなどのメラネシアの離島、ポリネシアなどリモート・オセアニアにホモ・サピエンスが到着したのは大分あとの「農業革命」後のことであった。

それらの人びとは、台湾から、中国南岸、ニュージーランド、ハワイ、イースター島、さらにはアフリカに近いマダガスカルまでよく似た言葉を話す人びとといわれ、六〇〇〇年くらい前に、台湾を出発し、東南アジア経由で、メラネシアからポリネシア方面に三〇〇〇年もの長い年月をかけて進出していった。彼らは、土器を製作し、タロイモ、ヤムイモ、バナナなどの

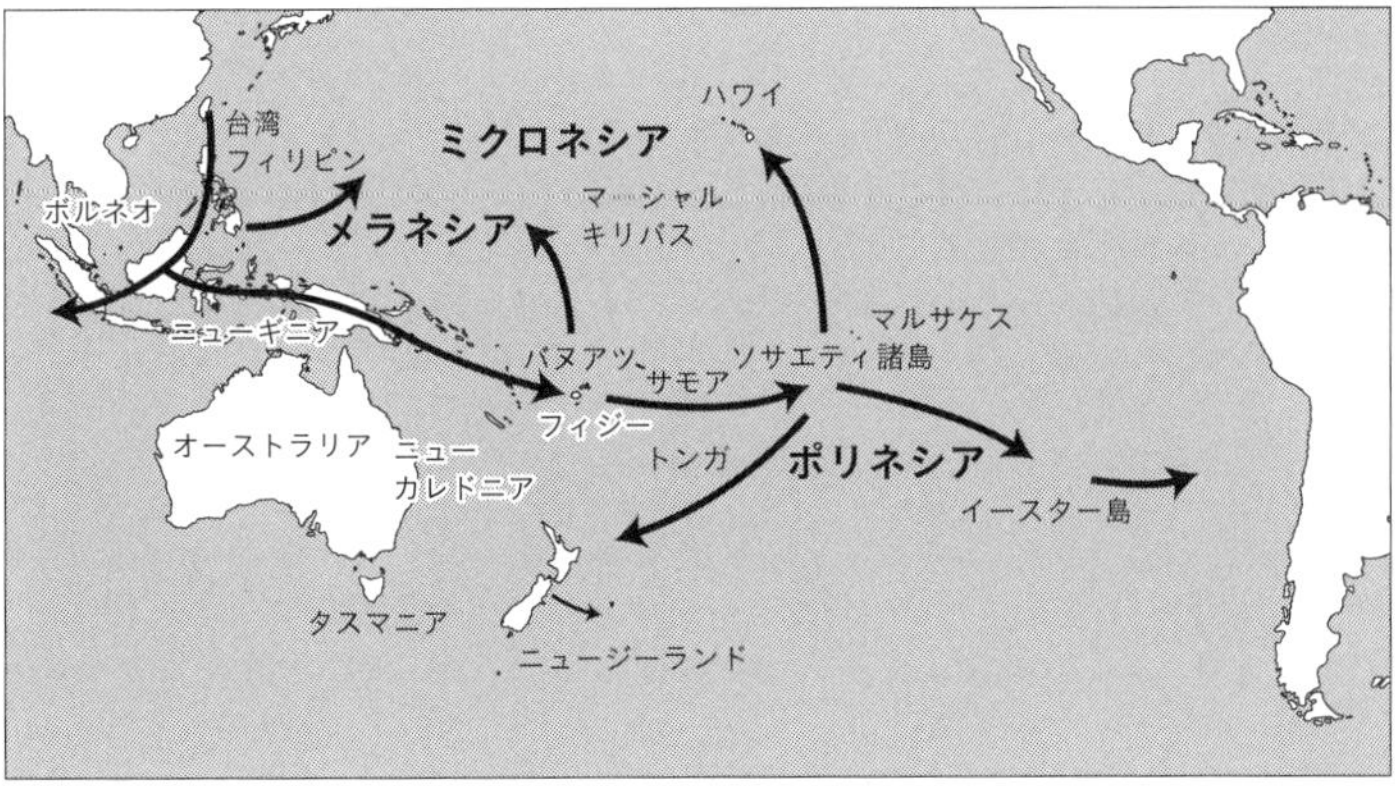

オセアニアの地図（ヒトの移動）

植物栽培やブタなどの家畜の飼育をする人たちで、農耕民が中心となって農業生産をしながら、ポリネシア方面に進んでいった。男性の三分の二はメラネシア系のY染色体を持ち、女性は九〇％以上が東南アジアのミトコンドリアDNAをもっていて、ポリネシアに行きつくころには両者が混血した住民になっていた。台湾や東南アジア系の人たちが先んじて農耕をするようになったが、オセアニア諸島の住民は狩猟・漁労・採集で生活しているものが多かった。女性はアジア系のミトコンドリアDNAを持つものが多く、男性は狩猟採集民のY染色体DNAを持つ現地人が多数で、長い年月をかけて双方の混血が進んだ。

オセアニア人類学を研究している印東道子教授は、編著書『人類大移動』の中でこう指摘している。

「狩猟採集民は数万年前から海を渡ってはいましたが、自在に方向を操れるカヌーを造る技術はもっていませんでした。農耕民が操る帆走アウトリーガー・カヌーを見たときは『ぜひ入手したい物』のトップに挙げたと想像されます。二〇〇〇年前になるとニューギニア北岸と南岸で急に沈線文土器や黒曜石の出土する遺跡が増え、活発な交流活動が行われたことがわかります。土器づくり技術と航海術を手に入れた狩猟採集民が海上移動をしながら居住域を増やしたのでしょう」

オセアニアの中でも、今から三〇〇〇年以上前にはメラネシアの島嶼部に到着して居住を開始し、その後紀元八〇〇年から一二〇〇年頃になって、ポリネシア方面の航海に出発、タヒチから、南はニュージーランド、東は南米に近いイースター島、北はハワイに行きついた。コロンブスがアメリカに到着する数百年前のことだった。

ポリネシアは南米大陸に近いが、直接南米の先住民と交雑したかどうかは明らかではなく、考古学、言語学、ゲノムの調査では双方の接触があったことは間違いないとされている。南米原産のサツマイモ、ヒョータンなどの作物がポリネシア諸島でも栽培されているところから、双方の交配があった可能性が強いとされている。

ヨーロッパ人がオーストラリアや周辺の諸島に「探検」と称して上陸し入植したのは、一八世紀以降のことだった。一八世紀後半には、英国人のジェームズ・クック（キャプテン・クック）が、測量もかねて、英国旗を掲げて数回の「探検旅行」をする中で、オーストラリアや周辺の諸島に上陸して以降、英国は囚人を含む植民地化部隊をこれらの地域に送り込み、先住民のアポリジニ（五万年前後前に移住したホモ・サピエンスの末裔。オーストラリアだけで約三〇万人が住んでいた）を迫害し、追い詰めていった。これらの島の中には、オーストラリア南東沖海上のタスマニア（アイルランドほどの面積）があったが、約五〇〇〇人いたアボリジニは、半世紀後に数十人しか残らなくなるまで、英国の植民地化部隊によって皆殺しにされた。イスラエルの歴史学者ユヴァル・ノア・ハラリ氏は、『サピエンス全史』の中で、次のように書いている。

「タスマニアの先住民には、さらに悲惨な運命が待っていた。一万年見事に孤立して生き延びてきた彼らは、クックの到着から一世紀のうちに大人も子どもも最後の一人まで、この地上から消し去られてしまった。……先住民を（ヨーロッパの入植者は）探し出しては殺していった。生き残った少数の人々は追い詰められ、福音主義の強制収容所に入れられた」

「クックの遠征に続く一〇〇年間に、オーストラリアとニュージーランドの最も肥沃な土地が先住民から奪われた。先住民の人口は最高で九割も減少し、生き残った人々は人種主義的迫害にさらされた」

オーストラリア、ニュージーランドの国旗の一部にイギリス国旗が描かれているが、ある意味ではそれは、イギリス植民地主義の先住民迫害を象徴するものと言えるかも知れない。

同時にハラリ氏は、前述の本の中で「文明は人類を幸福にしたのか」という問いを発し、次のように述べている。

「人類にとって過去数十年は前代未聞の黄金期だったが、これは歴史の趨勢の抜本的転換を意味するのか、それとも一時的に流れが逆転して幸運に恵まれただけなのかを判断するのは時期尚早だ。近代を評価するにあたっては、つい二一世紀の西洋中産階級の視点に立ちたくなる。だが一九世紀のウェールズの炭鉱夫やアヘン中毒に陥った中国人、さらにはタスマニアのアボリジニの視点を忘れてはならない」

「第二に、過去半世紀の黄金期でさえも、実は将来の大惨事の種をまいていたことが、やがて明らかになるかも知れない。この数十年、私たちは新しい多種多様な形で、地球の生態学的均衡を乱し続けており、これは深刻な結果をもたらす恐れが強いものと思われる」

オセアニアを植民地とするためにやってきたのは、イギリスだけではなかった。ニューカレドニア（タヒチ）はフランスの植民地にされたし、ハワイはアメリカに併合され、グアム島、北マリアナ諸島などは現在もアメリカ領になっている。オセアニアのかなりの島々は二〇世紀以降に脱植民地化され独立していったが、まだ欧米の植民地にされたままの諸島が数多く残っている。

第四節　最後の大陸・南北アメリカへ

南北アメリカは、ホモ・サピエンスが「出アフリカ」後に到着した地球上の最後の大陸である。アメリカは、ヨーロッパと並んで近代文明がいち早く発達した地域であり、人類学や歴史学、考古学、言語学などから、アメリカ大陸の先住民が、いつ、どこから、どのように到達したのか、どのような特徴をもった人類であったかという研究課題には早くから取り組みが始まっていた。しかし、本格的な研究となると、分子人類学が発達した二〇世紀後半にならないと進展は困難だった。

オックスフォード大学人間科学研究所のスティーブン・オッペンハイマー研究員は、著書『人類の足跡一〇万年全史』の中で、人類のアメリカ進出について次のように書いている。

「アメリカ・インディアンはベーリング海峡を越えてアジアからやってきたと考えるのは、彼らの祖先が同じらしいことから自然に思いつく解釈だった。一七八四年にトマス・ジェファーソンは『アメリカ・インディアンとアジア東部人が類似していることから推測されるのは、前者が後者の子孫であるか、あるいは後者が前者の子孫であるか』と指摘している。この公平だがあいまいな考察は、すでにそれより二〇〇年前にイエズス会の科学者で旅行者のホセ・デ・アコスタによって方向づけられており、彼はアジア人はスペイン人より二〇〇〇年早くアメリカへやってきたと述べている。それに対抗する見解はなかった」

「ポリネシアの植民を除けば、アメリカへの進出は、未踏の地への人類最後の大規模な拡大であった。先史研究における近年の大きな技術的進歩や地元の大きな興味、そして世界でもっとも富める国の巨大な資力を考えると、アメリカ植民のシナリオは決着がついていると期待してもおかしくない」

「ところが、現実はそれとは程遠い。学者たちは最初の進出の年代について合意に達することが出来ず、一万一五〇〇年前から五万年前まで渡る推定をした」

ここで、先住民のアメリカ拡散については、クローヴィス（アメリカ南西部の先史遺跡）説が登場し、一万三〇〇〇年前後に決まりかけていたが、その後、次々に新説が出てきて覆されていった。

「クローヴィス説はついに弱体化してきた。今では新世界が早期に植民されたという再生された説、新説、あるいは代替の説明が次々に出されている」（同上書）

二〇世紀末までは、アメリカ先住民の祖先は、大型動物を追う狩猟採集民で、シベリアやアラスカへとベーリング陸橋（ベーリンジア）を渡ってアジアからやってきて、氷柱の間をぬって南下したのではないかという点では大方の研究者の考えが一致していた。そして、ベーリング陸橋を渡ってきた人類が、アメリカの先住民となり、さらに、南下して中南米にも移住したという点でもほぼ一致ができかけていた。

ベーリンジアを通ってやってきた人類についてはクローヴィス文化の人たちで約一万三〇〇〇年くらい前までにアメリカに到着したという点で長らく一致ができていた。しかし、分子人類学が発達する中で、いくつか矛盾がでてきて、特に南米最南端のチリでモンテ・ベルデ遺跡というクローヴィス文化よりも古い文化があったことが発見され、ホモ・サピエンスのアメリカへの拡散はもっと早いのではないかという疑問が出てきた。

実際にアジア側からベーリンジアに向かった人類は、三万六〇〇〇～二万五〇〇〇年くらい前に出発しており、シベリアのマリタ集団も二万五〇〇〇～二万年くらい前から出発を開始していたことが明らかにされた。またアラスカ側の遺跡からは二万年以上前の遺骨が発見され、少なくても二万年前にはアメリカに向かう先住民の祖先集団が確立していたことが判明していた。

それにしても、アジア側とアメリカ側では、アメリカ先住民の到着に数千年の開きがあり、その間に、アジア側を出発した集団は三〇〇〇～四〇〇〇年以上ベーリンジアの氷の塊の中に閉じ込められていたのではないかという「ベーリンジア隔離説」が有力になっている。このベーリンジア滞在中に集団遺伝的な分岐がおこなわれ、古代アメリカ先住民が古代ベーリンジア先住民などと分化したといわれている。また、ベーリンジアに滞在したあと、アメリカに移動するルートは氷柱の間を抜けていったとする説が当初は有力だったが、氷柱の間を通り抜けるのは寒すぎて困難で、海岸ルートを通って北米に行ったとする説が現在では通説になっている。

他方、イヌイット（エスキモー）の集団の祖先は、北米大陸まで移動せずに、途中で北米・アラスカの陸地の北端の氷柱の中で暮らすようになったとされている。

パレオエスキモーの文化は、一五〇〇年前にイヌイット集団にとって代わられ、消滅する。イヌイットは、その五〇〇年前(今から二〇〇〇年前)にベーリング海峡を逆に渡ってシベリアに到着し、そのゲノムをシベリアの先住民のエベンやチュクチに伝えている。イヌイットの文化は一八〇〇年前にベーリング海峡で認められ、一三世紀にはグリーンランドに到着している。

アメリカ大陸先住民が保持している遺伝的な多様性は著しく小さかった。ミトコンドリア・ハプログループでは、A～DおよびXの五種類に分けられ、さらに、五つのハプログループは合計一五の系統に細分化されているが、すべてのグループがアジアに存在するグループと共有されている。ヨーロッパから拡散したグループは、コロンブスのアメリカ大陸到達後のグループと識別困難で、初期に移住したミトコンドリアDNAとヨーロッパ人移住民の識別は困難な面がある。

アメリカ先住民のY染色体DNAは、ミトコンドリアDNAと同様に、アジアのものと同等なDNA(特にC系統とQ系統)が多く、その多様性はきわめて少ない。先住民が北アメリカに到着してから南米の南端まで拡散するスピードは非常に早かったが、その間に遺伝的構成の変化が一定程度起こっているとみられている。

アメリカに到達した集団の祖先は、北方アメリカ先住民と南方アメリカ先住民の集団に別れ、南方方面に向かったアメリカ先住民の集団は大陸の西海岸を一路中南米の方角に向かい、クローヴィスを通過して南米最南端にまで辿り着いたが、他方、北方アメリカ先住民集団は、アメリカ大陸を東に向かって全米に拡散したり、温暖化に伴い再び北方に進んで、アラスカやベーリンジアの残りの人たちと再度合流したりした。アメリカ先住民の遺伝的な特徴は、旧大陸の人びとに比べて多様性は低かったが、その後の長い年月の変遷の中で特有な遺伝子を身につけることによって、現在までに大きく変化し、旧大陸の先住民の間よりも多様性を増すようになっている。

また、メキシコの洞窟では二万六〇〇〇年前の人類化石も発見されており、北米の大陸部からは二万年以上前の人類の化石が見つかったとの報告もある。その場合はアメリカ先住民につながる化石よりも古く、別の人類化石である可能性が強いといわれる。

南米大陸には、南方アメリカ先住民がきわめて早い時期に西側海岸ルート沿いに向かったとされ、ブラジル、チリなどの遺跡から発見された古人骨には一万年以上前のものがみられるといわれている。南米のアンデス山脈は標高四五〇〇メートルの山々がつらなり、最初の統一文化はペルー、ボリビアなどの山岳地帯や高地で三〇〇〇年前くらいに開花した。ペルーのクスコは、西欧人が一六世紀に征服にやってきた時にはインカ帝国の首都となっており、インカはアンデス山脈の高地に広大な帝国を築き上げていて、その付近にはさまざまな遺伝子をもつ人びとが含まれていた。

一六世紀にピサロやコルテスなどの征服者がスペインから少数でやってきたときに、中南米の人たちがあっけなく征服されたのは、メキシコのアステカ文明やペルーのインカ文明などの担い手たちが、西欧人を過度に信頼し、騙し討ち作戦に引っかかったことや、ヨーロッパ人が持ってきた天然痘などの感染症ウイルスにやられたこと、それにスペイン人の鉄砲と現地人の刀や槍との武器の格差などさまざまな要因があった。

七〇〇以上の島嶼部からなるカリブ海は、中南米で最後にホモ・サピエンスが進出した地域であったが、大まかにいって六〇〇〇年くらい前と二五〇〇年くらい前の二回にわたる進出で、中南米集団とアマゾンからやってきた集団によって征服され、その後ヨーロッパ人が植民地経営のために連れてきたアフリカ人の奴隷集団と混血して、現代の人びとに受け継がれている。しかし、広大な島々にさまざまな人びとが住んでいてゲノムの解析はあまり進んでおらず、本格的な解明はこれからの課題とされている。

コロンブスがアメリカに到達した一四九二年以降は、ヨーロッパ人の植民によって、南北両アメリカとも、先住民は迫害されたり、追い詰められたりして、長期間にわたって悲惨な歴史にさらされることになった。

イギリス、フランスなどのヨーロッパ人植民者は、北米全体で先住民たち（インディアン）を西方に追い詰め、他の地域は、アメリカ、カナダともイギリス人、フランス人を中心としたヨーロッパ人の広大な植民地にされた。また、アフリカから奴隷貿易で売られてきた黒人や、中南米から北上したヒスパニックなどは、白人の支配のもとで働かされるようになった。そして、一八世紀の後半に、アメリカ合衆国がイギリスから独立し、最初の共和制の国になった。米国の先住民たちは、その後、映画の「西部劇」でみるように、中西部やカリフォルニア方面に追い詰められていき、現在でも「インディアン」として相当数が残っているが、白人、黒人、ヒスパニック、アジア人らの中に孤立・分散して居住しており、その絶対数は少なくなっている。こうした点は、現在のアメリカの歴史研究者や人類学者、考古学者が先史人のゲノムや文明の研究をするのを著しく困難にしている。

第四章　古代農業革命と歴史時代への移行

第一節　古代の農業革命

人類が全世界への拡散の過程で生活基盤にしていたのは狩猟・漁労と採集経済であった。つまり、人類は雑食で、周囲に食べられる動植物があれば何でも食べていた。当初は、食物の備蓄や料理の仕方、毒物の識別方法も知らず、長い生活経験の中で次第に移住生活から定住生活や貯蔵の方法などを覚え、鏃《やじり》や弓矢、石器・土器の使用によって狩猟できる動物の種類が増えると同時に、採集した木の実を調理する方法も覚えていった。

世界的な情報のネットワークがあったわけではないが、長い年月の中で、試行錯誤をし、情報は周辺部に広がり、食物に関してさまざまな知識を獲得し農作物を収穫できるようになっていった。同時に、さまざまな動物と接する中で、家畜を飼いならし、その乳や卵、肉類を食用に供したりすることも覚えていった。人類でなくてはできない大きい発見であった。

これが農業生産の始まりで、食物の収穫量が飛躍的に伸び、人口も増したことから、「農業革命」、「牧畜の開始」として人類史に特筆すべきものになっていった。

二〇二三年は国際ミレット年とされており、人類が、コメ、小麦、大麦、トウモロコシなどの主食となる穀類の農業革命の前段階で、ミレット（雑穀）として、アワ、キビ、ヒエ、ソバ、コーリャンなどの雑穀類を栽培し、人類が小規模栽培ながら雑穀を利用したことを忘れないようにするためにさまざまな行事が行われた。実際に、量的にみれば、コメと小麦が現代世界では圧倒的に多く栽培され、ウクライナの小麦輸出などはロシアとの戦争の中で世界的な注目を集めた。しかし、日本でも第二次世界大戦直後の時期までソバやキビなどのミレット栽培が中山間地を中心に盛んにおこなわれていた。ダイズ、アズキ、トウモロコシ、ジャガイモなども主要な食料の一種として貴重品として扱われた。日本では、ミレット栽培が縄文時代に、中国大陸や朝鮮半島から様々なルートで伝来し、狩猟採集を補完するものとして栽培されていった。ミレット農耕は、弥生時代に水田稲作が普及するようになっても、多くの地域で並行しておこなわれ、近代になっても全国各地で栽培が続いていた。

農耕や牧畜がおこなわれる上で大きい条件となるものは気象条件である。更新世の期間中は氷河期が長く、やがて間氷期と氷河期が交互に訪れたが、間氷期にならないと寒くて本格的な農作物の栽培や家畜の飼育は困難だった。したがって、更新世が終わりになって完新世で温暖な気候がやってきた時期に、世界的に農耕と牧畜を本格的に開始する条件ができた。

このような農耕の普及・発展と時期をほぼ同じくして、家畜の飼育と牧畜も農村地帯で始まった。家畜の種類は、多くの周囲の動物から試行錯誤を重ねながら、肉や乳、卵など栄養を満たすものを選んだ。地域によって相違はあるが、ブタ、牛、馬、ヤギ、ヒツジ、ニワトリなど次第に多彩になり、飼育した家畜の肉や卵を食べるとともに、哺乳動物の母乳を飲んだり、家畜を運搬や耕作に利用したり、バター、チーズ、ヨーグルトなどの加工乳製品を食用、商業用に製造したりするようになった。ただし、母乳に含まれる乳糖を分解するラクターゼは子供への授乳期を過ぎると活性が低下するので、乳糖耐性遺伝子をもっている人が集団の中で増大することが乳製品の消化と普及にとって必要であった。

アジアの一部の国では犬の肉を食べる習慣があった国と、犬は狩猟の補助と家畜の番に必要な家畜で人間によく懐くこともあって食用にはせず、死亡したときには人間と同様に手厚く葬る習慣がある国々の双方があった。また、犬については、ネアンデルタール人が飼育できなかったとして、絶滅の原因にホモ・サピエンスの飼い犬による攻撃をあげる学者もあるが、確認はできていない。猫はネズミを捕るためにヒトと共生するようになった。

古代の農業革命が世界で起こったのは、一万三〇〇〇年ほど前から、数千年前までであった。初めにこの農業革命が起こったのは、中東の肥沃な三日月地帯と呼ばれるイラク（チグリス・ユーフラテス川の流域）、トルコ、シリアなど（一万二〇〇〇年前、麦類と豆類、ブタやヒツジ、ヤギ）だといわれ、次いでエジプトのナイル川流域、中国の黄河流域（一万二〇〇〇年前、アワ、キビ類とブタ）と長江（揚子江）流域（一万二〇〇〇年前、コメ）で、それから大分遅れて、紀元前数千年にインダス川流域（マメ類、麦類）、そしてニューギニア高地で紀元前四五〇〇年頃（サトウキビ、タロイモ、ヤムイモ、バナナ）、メキシコ中央部で紀元前三〇〇〇年頃（トウモロコシ、ブタ）、ペルー・アンデスの西側で紀元前三〇〇〇〜前二〇〇〇年頃（ウマ、ラマ）、北米で紀元前二〇〇〇年頃（カボチャ、ヒマワリなど）とされている（オーストラリアのピーター・ベルウッド博士等による）。時代に数千年の差はあるが、世界各地で一斉に花が開いたように農業革命は起こった。

ニューギニアなど熱帯地域で、タロイモ（サトイモ）が栽培植物として利用されていることの重要性について、島泰三氏の著書『魚食の人類史』は次のように強調している。

「四万年前のニューギニア産地でヤムイモ（ヤマノイモ科）がすでに栽培されていたように、水の多い低地ではタロイモ（サトイモ科）が旧石器時代から重要な食料だった。ホモ・サピエンス史上最も古くから栽培され、利用されていた植物はサトイモ、ヤムイモである」

「これに比べれば、コムギの栽培開始はサトイモ、ヤムイモ栽培よりも数万年も遅い。コーカサスからメソポタミアでコムギの栽培が始まったのは、どんなに古く見ても一万五〇〇〇年前である」

「イモ類は煮炊きしたり焼いたりすれば、ホモ・サピエンスの食欲を満たすのに十分な量が取れる。そしてサトイモは水辺の植物であり、ホモ・サピエンスにとって身近だった」

他方、中近東やヨーロッパの人にとっては、以下のような食物は、中南米の新大陸など欧州の外部から持ち込んだものであり、これらがなかったら彼らの食事は著しく多様性と栄養に欠けたものになったとみられている。

「トウモロコシ、ジャガイモ、サツマイモ、カボチャ、インゲンマメ、落花生、トマト」

ホモ・サピエンスの「出アフリカ」のあった当のアフリカでも今から四〇〇〇年ほど前に、カメルーン、ナイジェリアなどでモロコシ、エチオピアでキビなどを栽培する農業革命が始まり、これを機に農耕民の交流がいっそう活発化した。ナイル・サハラ語を話すスーダンでは、今から八五〇〇年前に南北双方と西方にむけて牧畜民の移動が始まり、交易もおこなわれるようになった。南アフリカのコイ・サン族やバンツー系の人びとも同時期に農耕・牧畜によって各方面に移動したとされている。

そして、農耕・牧畜民の移動は、多くが狩猟・採集民のテリトリーに向かっておこなわれ、狩猟採集民は農耕をどう取り込むかをめぐって、各地で新たな遺伝子の置換や混血によって新たな文化が成立するようになっていった。ヨーロッパ、アジア、新大陸などの地域を問わず、初期農耕民と狩猟採集民の混血・置換の問題は双方のゲノムの変化を含めて、大きい問題となっていった。また、初期農耕民の拡大は、伝統的な狩猟採集民の言語の分布の問題とも密接に結びついており、農耕が伝播した地域間での言語の混合と融合、変化の増大が指摘されるようになっていった。

農耕の開始によって人口が急速に増大した時期は、今から一万三〇〇〇年から数千年前までであった。ちょうど、世界の「四大文明」の成立開始の直前の時期であり、初期の文明の成立、都市の成立の問題とも密接に関連していた。この時期にはまた、宗教（仏教や儒教、拝火教、アニミズムなど）や文字（楔形文字、ヒエログラフ、漢字など）ができる直前の時代でもあり、次第に先史時代から歴史時代に入っていく前の時期であった。この時期の出来事は口承で伝えられ、歴史時代に入って文章化された。

またこうした、農耕と牧畜による農業革命は、周辺の環境を大きく変えただけでなく、人類にも食料の変化によって、胃腸や肝臓の変化、虫歯の増大と不正咬合などが生じたり、インフルエンザ、マラリア、天然痘、ペストなどの感染症も流行するようになった。

ここで、ウァイバー・クリガン＝リードの著書『サピエンス異変』から農業革命について指摘した部分を引用しておきたい。

「人類史における重要な転機は、世界の異なる地域で起きた。狩猟採集から農耕への移行だった。コメは紀元前一万三〇〇〇年ごろに中国で、ヒヨコマメとレンズマメなどのマメ類は紀元前一万一五〇〇年ころに中東で、作物になった。メソポタミア（現在のイラク）ではブタが紀元前一万五〇〇〇年前ごろという早期に家畜となり、ヒツジはそれから二〇〇〇年から四〇〇〇年後に、ウシはずっとあとの紀元前の時期に家畜となった。約四〇〇〇年にわたる長期間を革命と呼ぶのも変かも知れないが、それはまがうかたなく『農業革命』だった」

農業革命は、それまで人類が狩猟採集に依拠した移動生活をしていたのに対し、一定の地域に定住して、穀物栽培や牧畜を職業とするようになった点でも、「革命」といえるものであった。大規模な農業や牧畜を行うためには定住生活が必須であり、また農具や石器・土器を安定的に使用するためにも定住生活は重要であった。かつての狩猟・漁労・採集民は、小麦やコメ、その他の穀物の種子を選ぶために、自然の収穫物から、優れた種子を選別しなければならず、また作物の人工的な栽培は作業がきつかったが、季節に合致した作物を選んで栽培し、農繁期には一家で懸命な労働をしなければならなかった。また、牧畜も多くの動物の中から効率よく酪農などができるよう動物を飼いならし、頭を使うことを余儀なくされた。

しかし、その代わりに、彼らの生活はその日暮らしではなくなり、安定した計画的な生活ができるようになり、人口も大幅に増やすことができた。そして、次第に効率的な農業によって、余剰作物を貯蔵でき、次第に大規模な集落をつくる基礎ができるようになっていった。ホモ・サピエンスの能力を最大限に発揮して、ヒトとして、それまでにない新たな挑戦ができるようにしたのが、この古代の「農業革命」であった。

農業革命の仕組み

前述したが、農業革命は、地球が更新世から完新世に入り、気候の温暖化の時期がやってくる中で、二〇万年前後続いてきたホモ・サピエンスの狩猟採集経済が、農業に依拠した農耕と牧畜を基本とした経済に大きく転換し、ヒトは一定の場所に長期間定住をおこなうようになった。それゆえ、今から一万三〇〇〇年前から数千年の間に、人間社会は狩猟採集から農業を基本とした経済・社会に様変わりし、総人口も、世界全体で長期間五〇〇万〜一〇〇〇万人程度であったのが、農業革命が開始された五〇〇〇年後には一億人ほどに大きく増え、紀元ゼロ年前後には三億人程度に達することになった。

農業革命は、同じ面積の土地から耕作・栽培により多くの穀物を手に入れようとするもので、それまでも、農耕に対する知識が一定程度増えていたのを、農村（農民のムラ）で集団的に増収策を協議・実験し、収穫量拡大の方法を探しだしたものであった。それは、農耕技術をもちいて収量を拡大するとともに、家畜も同時に農耕に導入しようとするものであった。当然、当時の農業従事者は、動物の糞尿で堆肥をつくり、肥料にして利用した方が作物の収穫量が多くなることに気付いたであろう。また、動物も何が牧畜に適するか試行錯誤を重ねた結果、現在でも残っている牛、馬や豚、ヒツジ、ニワトリなどに落ち着いていったのだろう。

アメリカの歴史学者D・クリスチャンは、著書『オリジン・ストーリー　一三八億年全史』の中で次のように書いている。

「動物もその有用性には差があった。シマウマは気性が荒く、飼いならすのが大変だった。ライオンやトラは危険すぎる上、とりたてておいしくもなかった。一方、ヤギや牛や馬といった群れを成す動物は御しやすく、人間が群れのリーダーとしての役割を担える場合は簡単に管理できた。草食動物であれば、家畜は草を食肉や乳、羊毛、労力などに変えてくれるので、人間は世界中の広大な草原を活用することができた。そのうえ、そうした動物の肉はおしなべて美味で栄養価が高かった」

「何千年にもわたって肥沃な沖積土を堆積させてきた中東のチグリス川やユーフラテス川、中国の黄河や長江、インド亜大陸のインダス川やガンジス川のような大河の周辺には、しだいに多くの農耕民が集まりだした。一万一〇〇〇年ほど前だろうか、肥沃な三日月地帯とナイル川流域で農村が生まれ、その後一〇〇〇年か二〇〇〇年のうちに長江と黄河の流域にも現れた。六〇〇〇年〜七〇〇〇年前にはニューギニアの高地でタロイモやその他の食用作物が栽培されるようになっていた。そして五〇〇〇年前から四〇〇〇年前までの間に、インダス渓谷や西アフリカでも農村が見られるようになった。そしてついに、農耕民はアメリカ大陸のワールドゾーンにも姿を現す。それはミシシッピ川流域、現在のメキシコや中央アメリカの一部地域、さらにはアンデス山脈などだった。アンデスの山々は多様な環境と、家畜化や栽培化の見込める動植物を幅広く提供した」

「拡散した農耕民は、移住先の環境を一変させた。彼らは、いたるところで森林を切り開き、村を築き、土地を掘り起こし、害虫を追い払い、雑草を抜き取った。まさにその本質からして、農耕には環境を操作するという態度が欠かせない。狩猟採集民がおおむね自分たちを生物圏に根ざした存在と考えたのに対して、農耕民は環境を、管理したり、開墾したり、活用したり、改善したりするべきもの、さらには征服するべきものとさえ見なした。また、農耕民は環境を操作するために必要な知識を集合的学習から得る一方で、農耕からは食料とエネルギーの流れを得て、それらをもとに人口を増やし、ますます広い領域でより多くの労力と高い技術力を使って環境を改変できるようになった。集合的学習と新たなエネルギーの流れ――この二つが農耕時代の歴史の荒々しいまでのダイナミズムを躍進させ、旧石器時代には見られなかった破壊的な変化を可能にしたのだった」

「農耕民や牧畜民は、六〇〇〇年〜七〇〇〇年前までに、畜殺するまでの間に家畜を活用する方法を考え出した。牛や馬、ヤギやヒツジの乳を絞る、ヒツジやヤギの毛を刈る、馬に乗ったり荷車を引かせたりする、といった具合だ。考古学者アンドルー・シェラットは、このような新しい技術を『二次革命』と呼んだ。これは、家畜の一次産物（殺したときに得られる資源）と二次産物（生きている間に家畜が提供しうるエネルギーや資源）の両方を利用する術を人間が身につけたことを指す。近代に入るまで、こうした強力な技術はアフロ・ユーラシアのワールドゾーンでしか見られなかった。なぜなら、アメリカ大陸では大型動物相の多くの種を絶滅させてしまったせいで、家畜化出来そうな動物がほとんど残っていなかったからだ」

「人口増加は着実に進んだわけではなく、各地で悲惨な災難により中断した。農耕時代には、疾病、飢饉、戦争、死――まさしくヨハネの黙示録の四騎士だ――が猛威を振るった」「村落には廃棄物がたまり、それが害虫や害獣を呼ぶので、病気は急速に蔓延した。新しい病気が現れると住民の半数が亡くなることも珍しくなかった。農耕民は、ごく少数の栽培植物に頼っていたが、狩猟採集より飢餓にも弱かった。食料が底をつき始めると、雑草やドングリやキノコなどで飢えをしのぐのにも限度があり、幼い子供や老人がもっとも大きな打撃を受けて、真っ先に命を落とした。また人口の増加に伴って、土地や水をめぐって村どうしの争いが起こった」

大型哺乳類の大量絶滅について

ここで、叙述の順序は前後するが、今から一万八〇〇〇年前に最後の氷河期が地球上にやってきたあと、一万四〇〇〇年前頃に気候変動で地球の平均気温が約七度も跳ね上がる間氷期がやってきて、この時期に大型の哺乳類が大量に絶滅した現象があったといわれるので、そのことについても若干触れておきたい。これは、イギリス人のクリストファー・ロイド氏の著書『一三七億年の物語』が一つの節を割いて述べていることであるが、「農業革命」の少し前の時期に、オーストラリア、次いで南北アメリカで起こったことだという。その当時は、マンモスにしても、ゾウやバイソン、クマ、ビーバー、オオカミなどにしても、オーストラリアの巨大カンガルーやリクガメにしても現在よりはるかに大型の哺乳類が、南北アメリカにも、オーストラリアにもたくさん住んでいたが、気候の大きい変化などが原因で、大型哺乳類が飢餓などで消えて、いま地球上に住んでいる小型の哺乳類に代わったとされている。大型哺乳類が消えた原因は正確には謎とされており、人類がそうした大型哺乳類を大量に狩猟した結果絶滅したとか、氷河ではなく気温の温暖化が本当の理由だったのではないかとか、病原菌や感染症が原因ではないかとか、さまざま説があるようである。特に南北アメリカとオーストラリアだけでこの現象が起こり、ユーラシア大陸やアフリカではこういう現象はなかったとされている。生き残った哺乳類についても全体として、少しの水と食料で生きられる小型のものになったとされているが、本当にそうした現象が起こったのだろうか。

既述の『オリジン・ストーリー』（デイビッド・クリスチャン著）は、オーストラリアや北米で、そうした大型動物の大量死（絶滅）が実際に起こったことを指摘し、その原因は「気候変動にあるのかもしれない」としつつ、「だがそれまで何度も氷期を生き延びてきたのだから、狩猟技術をますます向上させていた人間が、絶滅への最後の一押しをしたのではないかということを考えざるをえない、歴史の順序もこの説を裏付けている」と述べて、こう強調している。

「オーストラリアやシベリアや北アメリカで大型動物相が絶滅したのは、人間が到来して間もなくのことなのだ。モーリシャス島のドードーと同じように、オーストラリアの大型動物相は、私たちの祖先に対する警戒心が足りなかったのかもしれない。この点では、人間と共に進化し、その恐ろしさを知り抜いていたアフリカの仲間とは異なる。いずれにしても大型動物相は、他のあらゆる大型獣（恐竜を含む）と同じく、急激な変化にきわめて弱い。近年でも、モアの名で知られる、ニュージーランドに生息していた巨大な鳥が、人間の上陸からわずか数百年で絶滅したのをはじめ、大型動物の絶滅例はたくさんある。シベリアとアメリカ大陸では、大型動物を殺して解体していた場所があることが、直接的な証拠からわかっており、人間がマンモスのような大型動物を狩っていた根拠となっている」

「大型動物相が一掃されると、景観は一変した。大型の草食動物は、移動しながら大量の植物を食べることが出来る。それらが絶滅したせいで、植物が食べられないまま枯れ残るようになり、火災の頻度が増したのだ。オーストラリアでは約四万年前に、多くの地域で火事の件数が増加した。その大半は落雷に起因すると見られる。だが、オーストラリアでも旧石器時代に世界の多くの地域で行われていたように、人間は土壌を豊かにするために、体系的に火を活用し、いわゆる『野焼き』をして、いたことがわかっている。……要するにファイア・スティック農業は土地の生産性を向上させるのだ」

歴史時代の変化と「革命」

農業革命後の人類の大きい変化は、歴史時代（今から約五〇〇〇年前）になってから起こった。今から五〇〇〇～四〇〇〇年ほど前は、世界の四大文明（シュメール、エジプト、インダス、中国）が生まれ、歴史や生活の記録がされるようになった時期である。また文明の発展とともに、首都を置いている川の流域などで都市が形成され、人口の増大が起こることになる。シュメール文化でいえばチグリス・ユーフラテス川の流域、エジプトで言えばナイル川流域、インダス文明でいえばインダス川流域、中国でいえば黄河流域、揚子江流域などがそれにあたる。といっても、当時の都市は後世の大都市に比べれば中小規模の都市で、古代ギリシャのアテネとスパルタ、古代ローマ、中国の秦の始皇帝の墓のある洛陽などが当時の最大規模の都市であった。

古代に最大規模の都市となったローマは、水道橋をつくったり、コロッセオ（円形競技場）、パンテオン（神殿）、元老院をつくったり、土木工事が盛んで、ある程度大都市の風貌を保ったが、その数世紀後のゲルマン民族の侵入や東西ローマ帝国の分裂などで、文明は次第に衰退し、ベネツィアやコンスタンティノーブルに地中海の覇権を奪われた。また、西欧のキリスト教国から聖地エルサレムにむけて中世に何度も十字軍が派遣され、東方のイスラム教の国々との戦闘がおこなわれた。中国とベネツィアを結ぶシルクロードは、東西文明の懸け橋としてラクダを連れた隊商などでにぎわったが、当時のシルクロードは、近現代の文明の東西交流と比べると、まださささやかなものだった。

当時の都市の主たる生業は、農業とそれに付属する産業であり、農業革命後の文明をあえて名付ければ、「農業都市文明」といってもよいものであった。

中世の封建時代を経て、近代になって世界的な覇権をにぎるようになるのは、スペイン、ポルトガル、それに英仏などの西欧諸国であるが、「革命」の名に値する変革が起こるのは、イタリアを中心とするルネサンスを経て、一五～一七世紀になって、コロンブスのアメリカ到着やバスコ・ダ・ガマの喜望峰を回るアジア到達、マゼランの世界一周を契機とする「地理上の発見」によって、西欧による南北アメリカ大陸植民地化、アフリカから欧米への奴隷貿易などが起こったことだった。また、ニュートンの万有引力の発見などの物理学の発展、コペルニクス、ガリレオ・ガリレイらによる地動説の提唱、ダーウインの進化論、メンデルの遺伝学の提唱など、「科学革命」が各分野で花開いたことであった。

西欧でのこうした科学革命は、キリスト教の総本山であるローマ教皇庁による弾圧と迫害との闘いなしには成就しなかった。日本遺伝学研究所の斎藤成也教授は、その著書『人類はできそこないである』で、こう書いている。

「キリスト教神学では、『神が創造した人間が住む地球こそが宇宙の中心である』と考えられてきました。旧約聖書は『天と地と大地は神が創造した』という記述があります。当時、天動説を否定することは神を冒涜するに等しい行為だったのです」

「ちなみに、ローマ教皇庁が天動説を放棄し、地動説を正式に認めたのは一九九二年のこと。当時のローマ教皇であったヨハネ・パウロ二世が、一六一六年と一六三二年の二度にわたってガリレオ・ガリレイを宗教裁判で有罪としたことの間違いを認め、公に謝罪しました。そこに至るまで、実に三〇〇年以上という膨大な時間を要したのです」

「生物進化の研究と宗教は切り離して考えるべきものだと私は思います。『人間が優れている』という思い込みは、真実を追求するはずの研究をゆがめてしまいかねないからです。人間はなんら特別な生物ではありません。むしろ『できそこない』ですらあるのです」

「突然変異は一八八二年にオランダのユーゴー・ド・フリース（一八四八〜一九三五）がオオマツヨイグサに見出したことが提唱されるようになりました。突然変異した遺伝子は子孫へと受け継がれ、さらに突然変異を繰り返すことで、もともとの種とは大きく変化していきます。ごく簡単にいうと、この変化が進化ということになります」

西欧における「科学革命」は一八世紀になると、ジェイムズ・ワットの蒸気機関の発明が先駆けとなって産業革命を引き起こし、政治的にもイギリスの「名誉革命」（一七世紀）、一八世紀後半のアメリカの独立革命（近代初の共和制国家樹立）、フランス大革命が起こり、さらにナポレオンがこれを、ロシアを含む全ヨーロッパ諸国にまで波及させた。

このあたりになると、人類史は「革命」のラッシュになり、さらに二〇世紀になると、二度の世界大戦の影響でロシア革命、中国革命も起こった。第二次世界大戦中の一九四五年八月には広島、長崎への原爆投下という、人類世界の滅亡に繋がりかねない新たな重大問題も生じるようになっている。

第二次世界大戦後八〇年近くが経つが、その後はソ連崩壊に伴う東欧・中欧諸国の民主化、アジア・アフリカ、中南米などの相次ぐ植民地独立と、政治経済のグローバル化と結びついたＩＴ革命が世界を大きく揺り動かすにいたっている。そして、二〇二二年には、現生人類の人口は八〇億人に増え、キリスト紀元ゼロ年当時の二五倍に達した。
人類（ホモ・サピエンス）は、こうして紀元後二〇〇〇年余で、地球の覇権を握り、さらに新しい変革に挑戦する準備をしている。

第二節　農業革命と戦争・ゲノムの変化

農業革命と戦争の勃発

若原正己・（理学）博士は、『ヒトはなぜ争うのか』と題する著書の中で、次のように書いている。

「古代史の研究によれば、一番古い戦争の跡は、紀元前一万年のイラク地方に見られる。本格的な戦争の様子の記録は、九〇〇〇年前のスペイン東部の岩絵に集団同士で争う場面が描かれている。

そうした最初の戦争は、狩猟民族と牧畜民の土地や獲物をめぐる争いだろうと言われている。さらに歴史が進み、メソポタミアやエジプト、そしてギリシャやローマに古代都市が形成されると、本格的な戦争が繰り返されることになる。

中国でも紀元前から戦争が繰り返されてきた。春秋戦国時代（ＢＣ八世紀〜ＢＣ三世紀）、秦の始皇帝による中国統一（BC二二一年）。項羽と劉邦の戦い（BC二〇二年）、群雄割拠の三国志（AD三世紀前半）など読み物にもなっている」

「人類が分散し終わった一万五〇〇〇年前は狩猟採集時代で、その最後の方で定住が始まり、農業・牧畜による食物貯蔵が始まる」

「約一万年前に始まった農業・牧畜が生活を一変させた。富の蓄積、私有財産・身分格差、階級分化につながった」

日本の縄文時代は、部分的に定住と食料栽培が始まったが、本格的な農業はまだ導入されていない時期で、一万年以上前に小さな紛争や殺し合いはあったが、大規模な殺戮合戦の戦争はない、世界に誇るべき珍しい国であった。しかし、日本でも縄文時代の後の弥生時代になると、富の蓄積や偏在、階級分化などに伴う戦争が起こるようになる。弥生時代には、佐賀県の吉野ケ里遺跡に代表されるように、敵の攻撃からの防御のために環濠集落が各地で造られ、実際に水田稲作をめぐって戦争がおこなわれたことが確認されている。

世界でも、一万数千年あまり前を境に、農業革命が起こり、これを契機にして戦争が始まる。戦争は、古代から中世、近代とますます大規模なものになり、二〇世紀には二度の世界大戦と、核兵器の使用、アウシュビッツなどのジェノサイドも起こるようになった。その後八〇年間、世界大戦は起こっていないが、朝鮮戦争、ベトナム戦争、アフガン戦争、中東での四次にわたる戦争、ウクライナ戦争など、大規模な戦争に発展しかねない事態が絶え間なく続いてきた。

　それゆえ、農業革命は、食料が確保・貯蔵された利点と同時に、人類の戦争の原点として克服すべき悪い面も伴っていることを厳しく見ておく必要がある。

農業革命後の貧富の格差の増大と戦争

　今から一万数千年前から数千年前の間に世界の各地で農業革命がおこなわれ、農耕の発展と牧畜の拡大によって、裕福な農民が生まれる一方、農民同士、あるいは農耕民と狩猟採集民との間で貧富の格差が激しくなった。農業革命の前には、余剰生産物を貯蔵する余裕がほとんどなかったが、農業革命の進展で、農耕・牧畜民同士は定住と同時に富の蓄積を進めるようになり、富の偏在をめぐって相互の争いや戦闘が頻発するようになった。

　歴史時代に突入するのとほぼ時を同じくして、それらの紛争や戦争は、口頭で伝承されたり、記録に残されたりして、歴史に書かれたりするようになった。高校の歴史教科書の最初の方に出てくる抗争や戦争はそうした事実が神話化されたり、記録に残されたりしたものである。

　西欧でいえば、ホメロスの文学作品『イリアド』、『オデュッセウス』に出てくる戦闘や戦争、古代ギリシャとペルシャの戦争、アレクサンダー大王のオリエント方面への遠征、古代ローマの諸国間の戦争、アジアでいえば、中国の周以前の夏や殷の時代の戦闘、黄河一帯を統一した秦の始皇帝と周辺諸国との戦争、春秋・戦国の争い、漢と匈奴との戦争、さらに古代インドやトルコの戦争など、枚挙にいとまがないほど争いが全世界的に起こっている。

そして、文明が新旧の石器時代から金属器（青銅器や鉄器）の時代に進むと武器も石器から金属器が利用されるようになり、大規模かつ激しい戦争がおこなわれ、死者もたくさん出るようになった。

そして、歴史時代に入って、紀元ゼロ年前後から一挙に一〇数世紀まで歴史を進めると、西欧で言えば、ゲルマン民族のローマ帝国侵入、十字軍の数次にわたるエルサレム、パレスチナ方面への遠征、さらには、コロンブスのアメリカ大陸到着後の西欧各国の兵士の南北アメリカ遠征と植民地化、アフリカから欧米諸国への奴隷貿易、キャプテン・クックらのオセアニア諸島占領、チンギス・ハンらの東アジア席巻とその後継者たちによる新しい国家樹立とヨーロッパ方面への侵攻など、戦争は、世界を股にかけて、さらに大規模かつ残虐におこなわれるようになった。

一九世紀に登場したマルクスは、「農業革命」以来の歴史を、奴隷制、封建制、資本主義制度、社会主義制度に発展していくものとして位置づけ、戦争の原因を人類の階級分化と対立の視点から描いている。その後ロシアに登場するレーニンは、資本主義大国の世界支配と対立の構造を「帝国主義」という名で描くに至る。

時代が西欧の産業革命以降に下ると、ナポレオンの西欧諸国席巻、エジプトやロシアへの遠征、英仏等によるアジア、アフリカ諸国の植民地分割、英仏間の戦争、日露戦争、第一次世界大戦、日本のアジア侵攻、さらに第二次世界大戦と核兵器の使用、二一世紀の九・一一テロを口実としたアメリカの対アフガン・イラク侵攻、そして現在のロシア軍のウクライナ侵攻に至るまで、戦争はほとんど切れ目なく大規模に続けられてきた。戦争のない世界を願って、二〇世紀になると国際連盟、国際連合ができたが、それらも戦争や紛争をやめさせることはできなかった。

さまざまな紛争を経て、戦争のない世界は人類の夢となり、日本国憲法や中米コスタリカの憲法などに「軍隊のない国」の理想が書かれているが、それらの理想や夢も現実のものになってはいない。

「戦争は他の手段をもってする政治の延長である」とは、一九世紀のプロイセン（ドイツ）の将軍クラウゼビッツの言葉であるが、けだし名言である。政治や経済がうまくいっているなら世界で戦争はおこらないであろう。

このことに気付いたのは、一九世紀のマルクスとエンゲルスも同様であった。二人は一八四八年に『共産党宣言』を発表して、富の偏在や格差のない社会をつくることを訴えた。またマルクスは『資本論』という大作を書いて、資本主義社会で貧富の大きい格差が生じるのは、生産の過程で剰余価値という資本家による労働者の搾取を資本主義社会が必然的につくりだすものであることを解明した。この理論は、資本主義を掲げる勢力と労働者階級との対立関係をつくったが、『資本論』の指摘は科学的根拠があるために、一五〇年後の現代も名作として生き続けている。同書の指摘は多くの人から「革命の理論」とみなされているが、共産主義者、社会主義者だけの理論ではなく、戦争に訴えずに政治の矛盾を平和裏に解決するための有力な政治理論となっている。

半面では、第二次大戦後にアジア・アフリカ、ラテンアメリカなどの脱植民地化の動きが進み、ソ連崩壊後の東欧・中欧諸国の圧政からの離脱の動きも進行して、国連加盟国は二〇〇ヵ国近くになっているが、依然として、ロシアや北朝鮮などの核使用の脅迫、米欧諸国の核軍備増強で、核抑止力の脅迫や争いが続き、世界は核戦争に至りかねない、きなくささを増している。

こうしたなかで、地球上の人類は八〇億人以上になったが、政治の面では核軍備競争がなくならないかどうか、人類は大きい試練に立たされている。

DNAとゲノムの変化の拡大

チンギス・ハンとその後継者たちは、モンゴル帝国を樹立・拡大し、中でもフビライ・ハンは国号を「元」と改めて中国を席巻したあと、日本やベトナムにも侵攻してきたが、双方から追い返された。その後、チンギス・ハンの一族や末裔たちは。ユーラシア大陸の各地に国家を建設したが、オゴタイ、チャガタイ、キプチャック、イルの四ハン国に分裂しながら、欧州諸国にまで戦争の圧力を拡大した。

北里大学の太田博樹准教授の『遺伝人類学入門』によると、クリス・テイラースミス（オックスフォード大学教授・遺伝学）は、モンゴル帝国が支配していた地域とその周辺のY染色体の調査をして、チンギス・ハンのY染色体が見つかった国と日本のように見つかっていない国があることを発表した。モンゴルと中国の内モンゴルでは、そのY染色体が二五％あるとされている。これは、必ずしもチンギス・ハンの男系子孫だけによるものとは限らないが、かなりの比率でその一族の持つY染色体ＤＮＡが、モンゴルの支配下にあった諸国・地域で多くなっているようである。

それにはいくつかの要因があって、必ずしもモンゴルによる武力を伴うものばかりではない。例えば、チンギス・ハンが占領地域の男性多数を殺害し、女性だけを奪ってくれば、一族のY染色体は子孫に継承されることになる。チンギス・ハンとその一族はそのような残虐なことを公然とおこなっておらず、むしろ歴史的にはイスラム勢力などを自陣営にとりこんで、支配を広げていった。その場合は、イスラムの一夫多妻制がチンギス・ハンの後継者のY染色体増大の要因である可能性が強い。人類は、一夫一婦制と一夫多妻制、多夫多妻制を繰り返しながら、近代国家の一夫一婦制度にたどりついてきたが、モンゴルの歴史上の一夫多妻制度やイスラムのコーランにある一夫多妻制は近代にいたるまで続けられてきた。クリス・テイラースミスは、こうしたY染色体の変化を「自然選択」にかかわる「社会選択」と呼んでいるといわれる。

他方、名古屋学院大学の今村薫教授によるフィールドワークでは、南部アフリカのカラハリ砂漠に住むサン族は多夫多妻制度をとり、一族共同で子育てをしているが、これは、侵略や占領の関係とは異なり、資源が少ない地域で子孫を残すうえでは有効な方策として採用されている制度とされている。

ある大国が大軍を送って他の諸国を侵略し長期間占領支配したりした場合には、遺伝子に大きい影響が出ることは想像に難くなく、多くの地域や諸国でＤＮＡとゲノムに大きい変化が出たことは歴史的事実である。例えば、アメリカやカナダの北米、メキシコ、ペルーなどの中南米で、ヨーロッパ人による植民地化と先住民支配、アフリカ人奴隷の売買などによって、それらの国のＤＮＡとゲノムには実際に大きい変化が生じているし、入植者がオセアニアで先住民を抑圧支配したことで、オーストラリア、ニュージーランド、タスマニアなどで人口構成とＤＮＡが従来と変わってしまったことなどもその例である。

日本のような島国で、歴史的に長期間、他の国に侵略支配された経験のない（例外は第二次大戦後の米軍による占領支配だが、期間は六年と短かく、進駐軍による民主制支配だった）国では、ＤＮＡやゲノムが大きく変化した経験は乏しいが、世界の歴史上では、人口比率やＤＮＡが置換に類似した大きく変化があった例は、少なからずみられた。

今後、世界でグローバル化が一層進行することは必至とみられており、その場合にＤＮＡやゲノムに影響が出るのは必然とみられている。日本にも、これまでの歴史になかったようなDNAの大きな変化が生まれる時代が来るかもしれない。

第三節　歴史時代のさまざまな変革と限界

農業革命後の近代の「革命」

ホモ・サピエンスの時代では、特に歴史時代に入ると、社会や制度を根本的に変える変革を革命と呼んでいるが、その第一番目が古代農業革命であった。そのあとに続くのは、どのような変革（革命）であろうか。歴史時代の四〇〇〇～五〇〇〇年間を鳥瞰しながら、「革命」をキーワードにして、人類史を考察してみたい。

古代の人類の農業革命は、気候的にみると更新世が終わり、長い最終氷河期の後に完新世が始まる時期、旧石器時代から新石器時代に移行する時期におこなわれた。人類は、その時代から定住生活と食料・物資の貯蔵を始めた。そして、農業生産が発展し貧富の格差が拡大し始める中で、次第に強権を持つ支配層（王侯貴族や武装勢力）が生まれて、庶民の奴隷的強制労働が始まっていった。暫く経つと、主食の穀類などの栽培、及び野菜や果物の栽培と収穫、牧畜による肉や乳製品の食用化に続いて、ワインや酒類の醸造・蒸留（約六〇〇〇年前）もはじまり、今から四〇〇〇～五〇〇〇年ほど前には四大文明の一つであるシュメール文明の西アジア地域で楔形文字が考案されて最初の文書が粘土板などに刻まれるようになった。次いで古代エジプト文明のヒエログリフが（パピルスやピラミッド内の壁などに）描かれ、中国文明の漢字の最初の形態である甲骨文字も誕生して、世界的に歴史時代に入っていった。

歴史時代中で、革命の名に値する大きい変革といえば、次のようなものがあった。

①近世のルネサンスに続く科学革命、②その後の資本主義経済発展を導いた産業革命（一八世紀、英仏など西欧で開始）、③封建制度から近代初頭に移る時期におこなわれた名誉革命（イギリス、一六八八年）、アメリカ独立革命（一七七五年、最初の共和制国家樹立）、フランス革命（一七八九年）などの民主的政治革命、④二〇世紀前半の第一次世界大戦時のロシア革命、第二次世界大戦に伴う中国・ベトナム革命などの「社会主義革命」、さらには、⑤原子力の利用による核兵器・原発の実用化、⑥二〇世紀末から二一世紀初頭にかけての世界の政治・経済・文化のグローバル化と結びついたＩＴ（情報技術）革命などがあげられる。これらについて、以下に若干のコメントをしておきたい。

科学革命についていえば、すでに第一章でふれたが、ニュートンの万有引力の発見、天文学・地学の分野におけるコペルニクス、ガリレオ・ガリレイ等による地動説の提唱、ダーウィンの進化論とメンデルの遺伝学、医学の分野での一九世紀のロベルト・コッホ等のさまざまな細菌（病原菌）の発見に続く感染症の克服、電力革命など、近代になって長い年月をかけて、科学の諸分野で発明・発見の動きが続いてきた。

この科学革命は、一八世紀から一九世紀、二〇世紀にかけて産業の各分野に応用されて、英仏など西欧の諸国で産業革命を引き起こす原動力になった。産業革命は蒸気機関による紡績・紡織工場や船舶・鉄道などの輸送分野での発展などを手始めに、種々の機械や電気、原子力の利用・経済活動に波及していった。

そして、こうした産業革命は、政治分野での資本主義的発展を阻害する封建的（中世的）な遺制や王政の抑圧を排除する方向で、資本家とプロレタリアート、貧農・零細業者などの政治的決起を促し、フランス革命を典型とする政治分野の革命に結びついていった。こうした動きは、ヨーロッパで労働運動の高揚をつくりだし、西欧諸国によるアジア、アフリカなどでの植民地主義、帝国主義的支配を脱却するための諸国民の決起の動きをも引き起こした。この間には、弾圧された一八七〇年のパリ・コミューンに象徴される労働者の政治的決起もあった。

こうした起伏は、西欧だけでなく全世界を揺るがすものになり、二〇世紀の二つの世界大戦と結びついて、ロシア革命、中国革命、ベトナム、キューバ、ユーゴスラビアなどでの革命等の変革となって表面化した。

またキュリー夫妻のラジウム発見が契機になって原子力エネルギーを利用する動きが起こり、それは、第二次大戦中のアメリカによる広島・長崎への原爆投下、大戦後の原子力平和利用の名による原子力発電の世界的普及となったが、人類にはまだ十分に原子力が制御できないために原発事故となり、チェルノブイリ、福島などの大規模な原子力発電所の事故を引き起こしたのであった。

　同時に、第二次大戦後の一つの大きい変化は、世界の先進諸大国が人工衛星を打ち上げるようになり、ソ連の宇宙飛行士ユーリー・ガガーリンが一九六一年に人類初の単身宇宙飛行を行い、その八年後の一九六九年七月には、米国のニール・アームストロング機長他二名の乗る有人宇宙船アポロ一一号が初の月面着陸と二時間半にわたる月面探検をおこなった。アームストロング機長は地球帰還後、「これは、一人の人間にとって小さな一歩だが、人類にとって偉大な一歩である」と語っている。そのほか、国際宇宙ステーションを中継基地とする宇宙飛行や諸実験、日本のＪＡＸＡによる小惑星へのロケット飛行実験（ハヤブサとハヤブサⅡ）などもおこなわれ、国際的協力も進展した。

　しかし、人類による宇宙飛行は、資金的に大変な費用がかかる上に、ロケットで地球の周囲の惑星に到着するだけでも長い年月がかかるので、太陽系、銀河系の果てまで赴くのは不可能な事柄とみられており、宇宙探検には限界があるといえる。

　そして、こうした変化の中で、二〇世紀末から二一世紀初めにかけて、政治的、経済的なグローバル化が急進展し、ＩＴ革命と呼ばれるコンピュータや携帯電話、スマートフォン、ＳＮＳ、ＡＩなどの全世界的な普及と使用となって、人類はデジタル利用の世界で生きざるをえなくなっている。

二〇二〇年以降は、全世界が新型コロナウイルスの感染で三年以上にわたって四苦八苦させられる一方、二二年春からはロシアによるウクライナ侵略戦争が開始され、プーチン・ロシア大統領らの核兵器使用の脅迫の繰り返しの中で第三次世界大戦に繋がりかねない危険な橋を渡る前段階に到達している。また、世界的に貧富の格差は大きく拡大している。

こうしたさまざまな動きが結びついて、人類世界は一見きわめて豊かになる一方、核兵器等による人類の破滅の危機が起こりかねない時代に入るという二面性が生じている。

もう一つ、日本でいえば第二次大戦前は五〇歳以下だった平均寿命が、現在では男女とも八〇歳以上になっている。乳幼児と妊産婦の死亡率が減ったこと、がん、心臓病、脳疾患の三大死因で死亡する人が減ったこと、結核などの感染症が克服されたことなどいろいろ理由はあるが、三〇歳以上平均寿命が延びたことは積極的な変化であり、「人生一〇〇年時代」も展望できるようになりつつある。しかし、人間の寿命はギネスブックの最高齢者が一二〇歳未満という限界は越えることのできないものとなっている。

さらに、ホモ・サピエンスが誕生してから二〇万年、やっと人類は過去の進化の跡を科学的に振り返り、解明できるようになり、平和的に科学研究を大きく発展させる条件が生じていることも、過去にはなかった大きな特徴になっている。

第四節　人類と言語について

人類はいつ、どこで言葉を話し始めたか

人類が、七〇〇万年前の初期猿人から、現在のホモ・サピエンスに進化するどの段階で言語を話し始めたか、という問題の回答を見つけだすのは非常に困難である。チンパンジーは言葉を話さず、教えても覚えることができない。七〇〇万年前の最初の猿人トゥマイ（サヘラントロプス・チャデンシス）が急に言葉を話すようになったとは考えられないし、直立二足歩行をするようになったとしても、天敵をみて叫び声を上げるくらいがせいぜいだったろう。トゥマイなどの猿人の脳の容量はチンパンジーとさして変わらず、道具を使用し始めた形跡もないし、ましてや会話ができたとは考えられない。したがって、猿人→原人→旧人→新人（ホモ・サピエンス）と四段階の進化を重ねるどこかの段階で、会話らしいものを身につけていったと考えるしかないだろう。

人類学者の著書の中には、原人の段階で言葉を話せたのではないか、と意見を述べたり、ネアンデルタール人は会話ができたのではないか、と書いたりする者がいるが、明確な証拠は示されていない。しかし、新人類のホモ・サピエンスの段階では、脳の容量や、道具や火の使用などの能力、「出アフリカ」を敢行し地球の果てまで拡散したりしたのだから、言葉が話せな

かったら、とても多人数の仲間が協力して猛獣や敵と戦ったり、舟を利用したり、さらには農業革命をおこなったりすることはできなかっただろう。またホモ・サピエンスは、ネアンデルタール人やデニソワ人と交雑して遺伝子を残したり、酷暑、厳寒と闘ったり、世界に拡散したりもできたのだから、生存競争の過程で仲間たちと会話し協力しただろうとも考えられる。

明確な証拠としては、五〇〇〇～四〇〇〇年くらい前に、メソポタミア、エジプト、中国などいくつかの地域で文字を使用するようになっているから、その前に言葉が話せたことは確実である。

恐らくは、ホモ属として分類されている人たちは、さほど複雑でなくても、ある程度まとまった内容の会話を開始していただろう。認知力を獲得したのはホモ属とされるが、火を使用したり、道具を使用して他の「天敵（捕食者）」と戦ったり、暖をとったり、食物を調理したり、さらには子育てをしたりしたのだから、その中で、自然の流れで言葉を話し、子どもにも教えるようになったと考えていいと思われる。

言語学者により各言語の関係はどの程度解明できたか？

この問題も簡単のようで案外難しい。言語は変化するもので、混合したり、置換したり、分岐したり、方言になったりするから、長期間定型をとどめないので、言語学者が、別の言語（古語）との近縁性を調べようとしても、せいぜい五〇〇〇年前か一万年前までの言語しか手掛かりはつかめないだろう。ただ、例えば、英語、フランス語、ドイツ語、イタリア語などの西ヨーロッパ語では、現代語でも言語の文法や語彙、発音が同一であるか、類似しているので、その近縁制については、東アジアの中国語、朝鮮語、日本語などの関係に比べて、言語学者が近似言語であることを指摘するのは容易であることは間違いない

比較言語学者によると、一つの言語は一〇〇〇年経つと二〇％の語彙が変化し、五〇〇〇年以上経つと原型をとどめなくなってしまうという。比較言語学で、インド・ヨーロッパ語族の系統関係はかなり解明できるようになったようだが、それでも、東欧の遊牧民のヤムナヤ文化の果たした役割が新たに加わると、既成のインド・ヨーロッパ言語学の成果をかなり修正しなければならなくなったといわれている。

日本語の場合、孤立した言語であって（ユーラシア大陸には孤立した言語が十種類ほどあるという）、明治以来百数十年間、多くの言語学者が周辺諸国で日本語と似た言語を探し、相互の系統関係の法則的類似性を見つけようとしてきたが、誰も決定的な成功を収めていない。現代人にとって、一〇〇〇年ほど前の『源氏物語』を原文で読むのさえ簡単ではないし、一時「日本語はウラル・アルタイ語系統の言語」といわれていたものの、今ではそれを否定する学者が多数になっている。現代日本語に近いといわれる朝鮮語、アイヌ語、ギリヤーク語もお互いに明確に音声的、文法的、意味論的な系統関係を見出すことはできておらず、語彙の類縁性も外来語以外は確実に見出すことはできていない。

例えばアイヌ語の文学「ユーカラ」を翻訳した国語学者の金田一京助は、「アイヌ語は日本語とはまったく異なる言語」と述べ、同じく言語学者の服部四郎・元東大教授が異論を唱えて近似性を指摘したように、学者同士の意見の相違もあった。（もっとも、琉球語は日本語から派生した方言という点は日本の言語学者の間で意見が一致している）。

現在、世界の言語数は六〇〇〇～七〇〇〇語あり、話す人が一〇〇万人以上の言語は約二五〇（全人口の約九〇％）、話す人が五〇万人以上だと約三〇〇（全人口の九五％）を数える。つまり大多数の言語は、話す人の人口が五〇万人以下の比較的マイナーな言語であるといってもよい。実際にブラジルのアマゾンの奥地などには、話す人が一万人以下の言葉がいくつもあり、日本でもアイヌ語が完璧に話せる人はあまり多くはなくなっている現実がある。

話す人が多い言語を、人口の多い順に並べると、一位が英語で一三億五〇〇〇万人、二位が中国語で一一億二〇〇〇万人、三位がヒンディ語（インド）で六億人、四位がスペイン語（スペインと中南米）で五億四〇〇〇万人、五位がアラビア語で二億七五〇〇万人の順になる（話す人が全部ネイティブとは限らない。特に英語などは第二言語の人も少なくない）。日本語を母語として話す人は約一億二五〇〇万人で、人口数にすると世界で九番目か一〇番目に多い言語とされており、相当の多数者の言語である。

こうした話す人が多い言語はとも角マイナーな言語で、先住民の言語などは、すでに淘汰されて話す人の数が減っている（あるいは絶滅寸前である）ものが多いといわれる。そうした消えた言語は過去の時代にも多くあったであろう。

ここで、言語にも「置換」現象が起こりうることを指摘したい。特に現生人類の拡散の過程で、①南北アメリカ大陸で先住民が征服者に追い詰められる過程でインディアン、インディオの言語が英仏語、スペイン語、ポルトガル語に置換された、②オーストラリア、ニュージーランドで、原住民アポリジニの言語が英語に置換された、のは事実である。日本国内でも北海道のアイヌ語が和人の言葉（日本語）に置換され、アイヌ語は絶滅寸前である。しかし、侵略や圧迫なしに、言語が消滅に近い状態に追い込まれる例は、あまり多くないであろう。

言語の解明の困難性

言語については、既述のように、人類の進化のどの段階で言語が出来たか、いつ、どこで、どのようにできたか、という点は、今後も言語学者、人類学者、考古学者、遺伝学者などが協力して、突き止めた方がよい課題であろう。しかし、証拠をあげて解明することは決して簡単なことではなく、人類学そのものにも未解明な問題が山積しており、そうした人類学の問題の解明と同様に、諸言語の起源を解明することは相当困難なことと覚悟して取り組む必要がある。

日本語と関連した言語の問題については、本書の第二部で改めて詳しくふれたい。

第五章　今後の人類の課題

この第五章では、人類は、今後どんな課題に直面するかを予測し、解決の道を考えてみたい。

第一節　自然現象と関連した課題

世界人口の増加

地球人口の変化

紀元前　一万年	五〇〇万〜一〇〇〇万人
紀元前二五〇〇年	一億人
紀元〇年	三億人
一五〇〇年	五億人
一八〇〇年	一〇億人
一九五〇年	二五億人
一九八七年	五〇億人

二〇二二年　　八〇億人
二〇五五年　　一〇〇億人（推定）

地球上の人口は約一万年前までの間ほとんど増加せずに、大体五〇〇万人から一〇〇〇万人で推移していたが、近年になって急激に増加している。その原因は、一八世紀以降の産業革命とこれに関連した新たな農業革命である。農業革命は約一万年前の古代農業革命（狩猟採集から農耕と牧畜への変更）に続き、産業革命の結果を利用した、農業の大量生産、大量消費・大量廃棄の第二次変革である。イギリスで石炭のエネルギーを機械の運動に利用する方法が発見され（ワットの蒸気機関発明など）、それを機に一段と工業も農業も発展し、人口が増える余地ができた。

世界の人口は、二〇一五年で七五億人、二〇二二年に八〇億人、二〇五五年で一〇〇億人になろうとしている。地域別にみると、先進国の人口の伸びはほぼ止まり、アジア、アフリカ、ラテンアメリカなどの途上国の人口増加が著しい。

現在ユニセフの報告では、世界で約七億人が飢餓に直面しているとされているが、これは、世界の農業生産と供給、消費の制度に問題があるからであり、人口の増加それ自体が飢餓に繋がるものではない。地球上の農業生産と供給・消費を適切に調整し、大量廃棄をなくせば、一〇〇億人から一五〇億人の人口になっても飢餓が増大する必然性はないといえる。大量生産した農産物は、合理的に節約して配分し、大量消費、大量廃棄はやめるように国際的に食料を調節することが必要である。

化石燃料、原子力の利用

いずれ、化石燃料は枯渇し、原子力エネルギーもウランが枯渇すれば利用できなくなる。これらの燃料は、一〇〇年、一〇〇〇年という程度の比較的短い期間はなんとかなるだろうが、一〇万年、一〇〇万年という長期間になれば、新たな化石燃料が発見されたとしても、人類が使用し続けられる条件は低い。石炭、石油などの化石燃料は、地球温暖化防止の必要性からも、有限の地球資源を考えれば、大量生産、大量消費、大量廃棄はやめるべきである。そして、太陽光、風力、地熱などの自然エネルギーの利用を、今の数倍、数十倍に増やすことが望まれる。原子力エネルギーは、今の人類にその生産、廃棄、事故防止の確実な能力がない以上、当面利用を停止すべきである。過渡的な時期は、化石燃料の利用も、原子力の利用も致し方ない面もあるが、できるだけ早期に温室効果ガスの排出を縮小し、原発事故は根絶する方向で最大限の努力をするべきである。

地球温暖化対策

今や米国と中国がエコノミックアニマル化し、有害物質を垂れ流し、エネルギーをむやみやたらに使用し、その環境の影響を日本と地球全体が受けているが、日本もかつては有害物質大量排出国であったわけだから、歴史は繰り返す感じをもたざるをえない。

気候温暖化がこのまま進行すれば、地球の平均気温が四度C上昇すると、国際的な会議で警告されている。そうなれば、海水面が大幅に上昇し、太平洋に点在する海洋国家や、オランダやモルディブなどは海の下に没してしまう。海面が数メートル高くなれば海中に没する国は、オランダ、バングラデシュ、モルディブ、オセアニアやカリブ海の島嶼諸国など多く、東京の多くの部分も海中に没する危険性が大きい。

また、日本では毎年のように繰り返される集中豪雨によって大規模な土石流災害、台風被害などが繰り返される恐れがある。

地球史からいえば寒冷化の方が厳しいという意見もある。しかし、これも一理はあるが、当面、寒冷化が脅威になる状況ではなく、今問題になっているのは、地球環境を急速に悪化させる地球温暖化の方である。特に、グリーンランド、南極などの氷柱が溶ければ、地球は取り返しのつかないものになる危険がある。

二〇一六年パリで開かれたCOP21締約国会議は、二〇二〇年以降のパリ協定を採択した。史上初の一九六か国・地域の参加する地球規模の温暖化対策の法的枠組みである。産業革命から二度C未満に平均気温の上昇を抑える努力目標を明記し、産業効果ガスの排出を見直す機会になった。これは特に、米国、中国、ドイツ、日本などの経済大国が率先して、実施することが重要になっている。

長期的視野に立った対策

地球は、いつまでも安全に人類に自然の恵みを与えてくれるかどうかはわからない。海の生物が大量に死滅したり、農産物が急に半減することもありうる。またロシアのウクライナ侵略の中で表面化したように、ウクライナの豊富な小麦の輸出が、ロシアの妨害によって停止するようなことも実際に起こっている。こうしたことが起こらないように、地球全体が民主化・平和化され、普段から戦争防止策をとり、長期的視点に立った対策をとることが求められている。また計画的な地震や津波対策も必要である。

他方、クジラやホッキョクグマ、パンダ、ゾウ、サイなどの多くの動物が絶滅の可能性を抱えている。すでにクジラは調査捕鯨以外の商業捕鯨は国際的な取り決めで捕獲が禁止されているが、人類は大局的な立場から、こうした資源を守る行動をとることが求められている。その他の哺乳類、魚類、鳥類などについても同様な危機がやってくる可能性がある。ワシントン条約ももっと実効性のあるものにしていく必要がある。

そのほか、長期的視点に立って、海底火山や世界的な大火山の噴火で地球に大きい被害が出ることも防止できる範囲で防止することが重要である。これまでの地球の歴史の中では、こうした大きい被害に何度も見舞われているだけに、その備えが必要であろう。

さらに、六〇〇〇万年余り前には、小惑星の地球への衝突で、恐竜が死滅したといわれているが、そうした小惑星は約三〇〇〇個あることが知られているし、知られていないものも一〇個以上あるといわれる。今後数千万年から数億年後には、惑星規模の衝突や地球の海の蒸発といった事態も起きかねないことを考慮に入れておく必要があるであろう。

そのほかに、長いスパンでみれば、天体の衝突や太陽系の異変など予期せぬ事変が起こる可能性もある。それはいつ訪れるかわからないが、人類の英知を結集して、地球防衛に努めることが重要であろう。

第二節　植民地主義と核兵器の廃絶

植民地主義の廃棄

第二次大戦後、欧米の植民地の多くは一九六〇年代以降に独立し、国連加盟国は二〇二三年現在で一九三ヵ国を数えるに至ったが、まだ依然として、欧米やロシア、中国などの植民地や強圧的支配下におかれている国は数十ヵ国ある。ここで、尾本恵市元東大教授（人類学）の著書『ヒトと文明』から、「植民地主義」に関する部分を引用しておきたい。

「植民地主義（コロニアリズム）は、文明人が行った人権侵害を伴う蛮行の中でも最たるもの

であろう。一四九二年までに南北アメリカ大陸には、当時の全世界人口の五分の一にあたる一

億人ほどの先住民（いわゆるインディアン）が住んでいた。コロンブスの到達後の一〇〇年以

内に先住アメリカ人のほとんどが死滅し、彼らの世界はヨーロッパ人に強奪された。そして先

住民の代わりに、アメリカ大陸に定住した略奪者たちが、『アメリカ人』として知られるよう

になった。

先住民人口の激減の最大の原因は、武器による殺傷ではなく、意図的ではないにせよヨーロッパ人の『細菌兵器』によるものである。天然痘、はしか、インフルエンザ、コレラ、腺ペストなどは、古くから旧世界の感染症で、住民には免役ができていた。しかし、地理的に隔絶した南北アメリカ大陸や太平洋の島々などの住民は、これらの病気を経験したことがなく、免疫力がなかった。征服者の到達後の約一〇〇年間に大陸の総人口の九割にあたる九〇〇〇万人もの先住民が死んだという。人類史上最初で最大の大量殺戮（ジェノサイド）といえよう」

「植民地主義は、国家主権を国境外の領域や人々に対して拡大する政策活動と、それを正当化し、推し進める思考を指す。それは、古代ギリシャなど古代文明にも存在したが、歴史上もっとも組織的な植民地の獲得競争が開始されたのは、大航海時代（一五～一六世紀）以降である。主役はほぼ全員ヨーロッパ人で、いわゆる新大陸へのスペイン人の侵略が幕開けとなった」

「第一にクリストファー・コロンブスの数回に及ぶ西インド諸島への渡航と侵略、第二に、

エルナン・コルテスによるアステカ王国の壊滅（一五二一）、第三にスペイン人、ペドロ・デ・アルバラードによるマヤ文明の破壊（一五四一）、そして第四にスペイン人フランシスコ・ピサロによるインカ帝国の植民地化である。

これら初期の植民者たちは、それまで旧世界にとってまったく未知だった世界を初めて見て、高度な文明があることに驚く。しかし、キリスト教からみれば異端者である住民に対する敬意は皆無で、単に豊富な金銀財宝に目がくらみ、目新しい作物にも興味を持ち、それらの獲得だけが目的となった。また、物資の強奪だけでなく、殺人や民族抹殺だけが目的化したかのような残酷なシーンが、ラス・カサスの著者によって世に知らされた。

「バルトロメ・デ・ラス・カサスは、もともとコンキスタドール（征服者）の一員として、エスパニョーラ島やキューバ島での征服戦争に参加した。しかし同じスペイン人の進める征服のあまりの非道・悲惨な実態を目の当たりにして、『改心』し、以後は一貫してスペインの新大陸征服の正当性を否定し、被征服者インディオの擁護に尽くす聖職者となった。」

モンテスキューは、『エセー』の中の「人食い人種」についての章でこれを批判している。新大陸の人たちには、バルバール、ソバージュ（野蛮）なところは一つもないとしている。新世界の方が、旧世界より自然状態に近い」

「一七七〇年、イギリスのキャプテン・クックはシドニーの近くに上陸した。すべてのものは女王のものと宣言した。一六四二年、オランダ人のアベル・タスマンがタスマニアに上陸した。タスマニアのアボリジニはわずか七〇年ほどでほぼ全滅した（一万人）」

長い引用文章になったが、植民地主義を当初の根源から批判したものなので、思い切って引用してみた。この植民地主義は、その後、イギリス、フランス等に引き継がれ、アフリカ、アジア、インド亜大陸などで、「植民地分割」をするに至った。現在ではオセアニア、カリブ海などを除いて大半の諸国が独立したが、アフリカでは五五ヵ国に上る独立国の中で、西サハラ（サハラ・アラブ民主共和国）はモロッコの占領支配下で未独立で苦しんでいるし、中東では、パレスチナ人がイスラエルの圧政的支配のもとにおかれるなど、植民地問題は依然完全には解決していない。また、ロシア、中国の占領下で、植民地同様に苦しんでいる民族も少なくない。さらに、トルコ、イラン、イラク、シリアなど数ヵ国に分散して居住しているクルド人は、総人口が数千万人もいて独自の言語をもつにもかかわらず、国をもてず、多くの国の統治下で少数民族として暮らさざるをえなくされている。

核兵器廃絶の課題

第二次大戦後、核兵器保有国は、アメリカに次いでソ連（ロシア）、さらに、英、仏、中国、インド、パキスタンと続き、それに、イスラエル、北朝鮮と一〇ヵ国近くになっている。

そして、朝鮮戦争、ベトナム戦争では、アメリカの核兵器使用の脅しが問題になったし、二〇二二年からのロシアによるウクライナ侵攻では、プーチン・ロシア政権による核兵器使用の威嚇が問題となっている。また、北朝鮮は、国際法や国連決議を公然と無視して、核実験やミサイル発射実験を繰り返している。

しかし、他方では。国連で二〇一七年に核兵器禁止条約が結ばれ（百数十ヵ国が支持）、批准国が規定以上の数に達し、初の核兵器包括禁止の国際条約として二〇二一年に発効している。また核拡散禁止条約の再検討会議では、核兵器保有反対の動きが強まっている。

核兵器は、一旦核戦争が起これば、一〇〇億人に達しようとする人類の大多数を壊滅させかねないものだけに、その禁止が実現するかどうかは、今後に向けて人類の英知が問われている。特に、日本は第二次大戦中に広島、長崎が唯一の被爆国となり、またマグロ漁船第五福竜丸が一九五〇年代初頭にビキニ環礁でのアメリカの核実験で被曝し死者（久保山愛吉氏）も出しているだけに、核兵器禁止条約ではイニシアチブをとる責任がある。しかし、日本政府は、核兵器禁止条約推進のイニシアチブをとらず、条約の調印・批准もしていない。そして、アメリカの核の傘のもとで核戦争参加も辞さない姿勢をとっている。

第三節　「人新世」の提起

一九九五年にノーベル化学賞を受賞したパウル・クルツェン博士（オランダ人）は、紀元二〇〇〇年に、「人新世」（アントロポセン＝ギリシャ語で「人間の時代」の意味）を開始するよう提唱した。

地質学では、現在は「新生代・第四紀・完新世」にあるが、人類が八〇億人に達し、地球上で人類の世紀としてさまざまな行動をおこなっている。クルツェン博士の提唱は、人類の新世紀という意味で、新しい地質学上の命名をおこなうべきだという趣旨の提唱である。しかし、国際地質科学協会は、まだこの名称の提起は認めていない。

地質学上の命名は、一番大きい区分が「代」、次が「紀」、三番目が「世」となっているので、三番目の「世」を「人新世」と変えようとする提起がそれである。

ちなみに、六〇〇〇万年以上前の、恐竜が地球上で勢力をもっていた地質学の時代は「中生代、白亜紀」、現在の「完新世」の直前（二五〇万年前から一万七〇〇〇年前まで）は、「新生代、第四紀、更新世」であった。更新世の二五〇万年近い長さと比べると、完新世はまだ一万七〇〇〇年と一〇〇分の一以下で短いという考え方もあるだろうし、地質学上の命名は人々にあまり知られていないので、あえて命名を変える必要はないのではないかという反論もあるだろう。

「人新世」というほかに、現在では「ＳＤＧｓ」（持続可能な発展目標）という言葉があり、ＣＯＰ16で、地球温暖化対策などの実質を伴う行動提起をおこなっているので、あえて新しい名前を提起する必要はなかろうという考え方もある。

また、「人新世」という新たな命名をする場合には、「具体的なその内容は何か」という質問が当然出されると思われるが、「人類が地球を支配する時代」というだけなら、実際にそうなっているわけで、それで十分ではないかという批判があるかもしれない。やはり、その人新世の具体的な内容としたら、核兵器・原発の問題、プラスチック片、コンクリート片の問題、アスベストの問題、人類が発明した多くの化合物の安全性の問題、さらには、地球温暖化の問題等が含まれてくるのではないかと思われる。

それがはっきりしなければ地質学上の命名の変更をおこなっても、「名前倒れ」と批判される可能性もあるかもしれない。

それは兎も角、この「人新世」という提起は、多くの人びとの知るところとなり、それを表題の一部にした本も相当数出版されている。その肉付けをするのは、これからの課題といってよいが、人間を主人公にしたこうした命名には、人間が一人よがりのことをするのを回避しチェックする意味もあり、人類学に関心をもつ人びとは大いに関心をもってよいだろう。

第二部　日本人の起源

縄文土器（府中市郷土の森博物館）

第一章　日本の後期旧石器時代

旧石器時代の地理的、歴史的特徴

「出アフリカ」を果たしたホモ・サピエンスが日本に渡来したのは、三万八〇〇〇年くらい前のことといわれる（海部陽介『日本人はどこから来たのか？』）。多地域進化論が盛んだった一時代前は、北京原人や「明石原人」の存在が歴史書などでもとりあげられ、旧石器時代中期のかなり古い時代の石器が「発掘」されたりして、日本列島には一〇万年以上前から人類が住んでいたかのようにみなされていた。しかし、分子生物学が発達したことや、紀元二〇〇〇年秋に日本の東北地方のアマチュア考古学者F氏による旧石器遺跡偽造事件が発覚したこともあって、今では後期旧石器時代以前に出アフリカをしたホモ・サピエンス以外の人類が日本列島に渡来し住んでいた証拠はないものとされるようになっている。

発掘された人骨で、日本で一番古いとされているのは、沖縄県那覇市の山下町第一洞穴遺跡出土のもので、炭素C14の年代測定では、三万二〇〇〇年前のものとされている。

ユーラシア大陸の一番東端の海上で、北東から南西に向けて三〇〇〇キロメートルも弧を描くように伸びている日本列島（面積は三七万平方キロメートル余）には、氷河期の当時は大陸から列島に来るには、主として、①朝鮮半島を南下し対馬海峡を超えるルート、②琉球列島から島伝いに九州に北上するルート、③沿海州からサハリン、北海道と陸路伝いに南下するルートの三つのルートがあった。氷河期には、北海道以北のいずれの海も海面が今より八〇～一二〇メートル低く、特に③の北海道方面のルートは中国東北部から延びる半島になっていて、陸伝いにマンモスやオオツノシカが南下するのも可能だった。①の朝鮮半島南下ルートは三万八〇〇〇年前、②の琉球列島北上コースは三万五〇〇〇年前、③の北海道南下コースは、二万五〇〇〇年前あたりから日本列島に、「出アフリカ」を果たしたホモ・サピエンスの末裔が渡来・移住してきた。

この中で、一番主要なルートは、朝鮮半島経由で対馬海峡を渡るコースであったが、当時は海を渡る部分が比較的短距離で、中国大陸から渡来するのが一番容易だったためである。これに対し、琉球列島北上コースは、黒潮に乗って舟で海を渡る距離が長く、途中の先島諸島、沖縄諸島、奄美群島などで住み着き、それ以上の北上を断念した人たちも多かったようである。③の北海道ルートを南下した人たちは、考古学的にみて、前二ルートに比べて一万年くらい後のことだったとされている。

では、ホモ・サピエンスが三万八〇〇〇〇万年前に、日本に到着する以前は、日本はどんな状態であったのだろうか。

人類の原人（ホモ・エレクトス）がアジアにやってきたのは一八五万年前といわれる（海部陽介、前述書）。原人が中国やインドネシアに足を踏み入れたのは、北京原人、ジャワ原人、フローレス原人（フローレス島。ホビット）、それに台湾原人（澎湖人）などだとされている。アジアには、原人が多く到来したが、旧人もネアンデルタール人、デニソワ人などが南ロシア、中国、ニューギニアなどに早くからやってきたことが指摘されている。

しかし、これらの原人、旧人が日本列島にまで足を踏み入れたかどうかとなると、確実な証拠はない。分子生物学者によると、日本人のゲノムにもネアンデルタール人、デニソワ人のDNAが多少混じっているとされているが、日本に最初に入ってきた人類はやはりホモ・サピエンスで、「出アフリカ」の初期拡散からだいぶ（二万年以上）経った時期のことである。アフリカからヨーロッパに入ったクロマニョン人は四万五〇〇〇年ほど前に、フランスやスペインに移住し、後年に洞窟に創造的な動物の壁画を描いているが、アジアで一番東方の日本までホモ・サピエンスがやってきたのは、それより数千年後のことであった。ホモ・サピエンスが進化したのはアフリカの地であったが、そこから「出アフリカ」を果たし、世界に拡散し、ユーラシア大陸を経て東アジア経由で日本にやってきたことは、今では遺伝学、化石形態学、考古学などで一致して確認されている

アフリカで原人、旧人から新人に進化したホモ・サピエンスは、それまでユーラシア大陸にいた原人や旧人に入れ替わり、原人や旧人の大半はこの時期までに絶滅したとみられている。

三万八〇〇〇年前には、すでに世界は後期旧石器時代に入っていた。相変わらず、狩猟採集経済は続いていたが、このあと、最終氷河期が終わって温暖な気候の時期（間氷期）に入る一万数千年前になると、更新世から完新世に替わり、最初の日本人が渡来した後、後期旧石器時代を経て、移住生活から定住生活の縄文時代に移っていく。このころの日本の人類は、道具として打製石器や黒曜石を使う時期が続いていたが、後期旧石器時代を地質学的にみるとどうなるであろうか。

国立歴史民俗博物館の藤尾慎一郎教授（先史考古学者）は、著書『日本の先史時代』で、次のように書いている。

「予備知識として、地質学では約二六〇万年前以降を第四紀と呼んでいるが、そのなかでも、大半が氷期下の一万一七〇〇年より前の地質時代を更新世、その後の間氷期の地質時代を完新世と呼んでいることをまずは押さえておいてほしい。

さて、旧石器時代という区分だが、実は日本の先史時代のなかでも最も後に設定されたものだ。一九四九（昭和二四）年、群馬の岩宿遺跡の発掘によって、関東ローム層という更新世の地層の中から打製石器（石を打ち砕いてつくられた、磨いていない石器）を中心とした石器群が見つかったことが契機となった。

岩宿遺跡の発見からおよそ七〇年あまり、更新世の旧石器時代、完新世の縄文時代という時代との対応関係は一致していると考えられ、旧石器時代と縄文時代を画す時代区分が揺らぐことはなかった。しかし、後述するように二〇世紀末になって更新世に日本列島で土器が出現していることが明確になった。この発見によって、地質年代と時代区分は一致していなかったことが明確になった。

これを機に時代区分の正当性は揺らぎ始め、約二〇〇〇年も続いたとされていた縄文時代草創期を中心に、（完新世への）移行期をめぐる議論が活発化した」

そして、移行期の議論は百出したが、一万六〇〇〇年前の土器の出現が旧石器時代から縄文時代への画期として、無紋土器、隆線文土器が縄文時代草創期の候補として入り込んできた。

縄文時代になると、石刃といわれるナイフ状の石器や黒曜石、磨製石器、斧やヤジリ、弓矢などを使用するようになり、狩猟採集と同時に森林の伐採や農業用地の開墾も始めるようになっていく。そして土器の製作も各地で始まり（青森県で一万六〇〇〇年余り前に最初の縄文土器が造られたことが確認されている）、後期旧石器時代から新石器時代（縄文時代）に入っていく。

また、旧石器時代には二度にわたって北と南からホモ・サピエンスの渡来の波が起こり、信濃川から碓氷峠を通って旧利根川・東京湾に続く「旧石器古道」と呼ばれるラインができ、南北で住民の住み分けが起こるとともに、旧石器時代に南側から日本に入った人類と北側の人類の間で旧石器古道を挟んで「二つの日本」が生まれたという（安蒜政雄『旧石器時代の知恵』）。

人類学者の崎谷満氏によると、シベリア南部において後期旧石器時代は約四万五〇〇〇年前のホモ・サピエンスの出現で始まり、それは石刃技法文化と関連しており、ヒト集団はY染色体ハプログループQであった。日本列島にこの文化が流入するのは約三万六〇〇〇年前で、九州に到達するのはY染色体ハプログループD2が中心であったと推定されている。

後期旧石器時代の地理的、気候的特徴

新石器時代（縄文時代）が始まる一万数千年前は、日本では土器がつくられ、それが全国に広がったのが最大の特徴であるが、その前には、約二万年間の後期旧石器時代があって、その時代に狩猟採集経済のなかで、大陸からの渡来人の増加もあって少しずつ人口の増加が起こり、東西日本の異なる文化圏が作られていった。それは、現在まで、東西文化の違いという形で、言語や料理（ソバとうどんの違い。味付けの濃い薄いの違い）など、さまざまな形で残されている（現在は東西を分けるラインは関ヶ原のあたりに移っている）。

気候的にみると、日本は、北は千島列島・北海道から南は尖閣諸島まで南北に約三〇〇〇キロを超える細長い列島であり、寒暖の差が大きく、植生も沖縄、九州（照葉樹林帯）と東北・北海道（落葉・針葉樹林帯）ではかなり異なっていた。冬には北海道は零下三〇～四〇度くらいになるが、沖縄、南九州では冬でも比較的温暖で、日本海に面する東北、北陸、山陰は今と同様に降雪が多かった。反対に夏は南西にいくほど暑くなった。

それと、日本列島は火山が多く、噴火によって形成されたところが大きいが、中央に高い山脈が聳え、山々から太平洋、日本海の海岸までの距離は短く、全体として湿潤で川は急流が多

く、広い平野は少なく、平坦な土地を確保するのに苦労させられた。そのかわり、全体として降雨量は多く、稲作（縄文時代以降）には、山間部も含めて適していた。日本列島は大小さまざまな三六〇〇の島からなり、海岸線の総延長は二万七〇〇〇キロにも達している。春夏秋冬にはっきり分かれ、大陸性寒気団のシベリア気団と、海洋性熱気団の小笠原気団にはさまれ、季節の変化が激しかった。

日本列島は北東から南西に三〇〇〇キロと細長いだけに、文化も多様性に富んでおり、植生も大きく分けて、列島の南西側の照葉樹林帯、北方の落葉広葉樹林帯（ナラ林帯）と針葉樹林帯、それに奄美諸島、沖縄諸島などの南島地帯などからなっている。縄文時代以前の旧石器時代には、定住が必要な農耕はほとんどなかったが、ナラ林帯では端緒的な平地での収穫によって、野菜類やマメ類、堅果類などが小規模に自生したのを食用にしていた。また、照葉樹林帯では、中国の華北や沿海州の影響によって自然に生える果物やゴボウ、アブラナ、麻、イモ（サトイモとヤマノイモ）などの収穫も一定は期待できた。イモは、南方から伝来したサトイモ、ヤマノイモが早くから収穫でき、南方からのイモ類と北方から波及したイモ類が種子島の辺で交錯したといわれる。

また、日本列島は四方を海に囲まれ、川や湖などもあって、プランクトンは豊富で、黒潮と親潮の交差点にあって、魚介類を取るのに適していた。

さらに、火山列島として、約二万六〇〇〇年前に九州の始良《あいら》カルデラから噴出した火山灰が、後期旧石器時代の二度にわたり、周辺一帯を覆って当時の人びとの生活を著しく困難にした。そうした噴火は縄文時代になっても何度も大規模のものが続き、九州と沖縄を長期間分断状態に置いたこともあった。こうした火山は九州南部などに多く、火山爆発の影響で、東日本の方が西日本より住民の人口が多かったのが特徴であった。

それと、日本列島全体が火山に覆われていたので、地層がほとんど酸性で、沖縄では石灰質の古い土壌の遺跡や洞窟で旧石器時代の遺骨が発見され、ＤＮＡ解析も進んでいるのに対し、日本本土では、一万を超える旧石器時代の遺跡が発見されているが、浜松の浜北遺跡などで旧石器時代の古い遺跡が発見されている程度で、遺骨が酸性土で溶けてしまっているために、古代ゲノム・ＤＮＡはほとんど解析できない状況が続いている。

最古の日本人たちはどこから来たか

現代人の遺伝形質やウイルスの抗体保有率の研究者たちは、日本列島全体の後期旧石器時代人を北方アジア起源とみることで一致している（池田次郎『日本人のきた道』）。実際、日本列島にやってくる渡来人は、最初にやってきたのが、旧石器時代の北海道であるか、朝鮮半島経由であるか、沖縄・奄美経由であるかの三つの方向経由が中心であるが、多くの研究者が、朝鮮半島経由で北側からのルートで入ってきた人が多い、という説を支持している。遺伝子学者も、南方起源説には疑問を呈する人たちが多く、ＨＴＶＬ－１（成人Ｔ細胞白血病ウイルス）の研究者たちは環太平洋地域（北米大陸）から日本本土に来る場合にはシベリア、沿海州方面からに限られると指摘している。

国立遺伝学研究所の斎藤成也教授は、著書『日本人の源流』の中で、中国の首都北京の田園洞窟から出土した四万年前の古代人骨のDNAを解析した結果、その人骨が「出アフリカ」後に東南アジアにやってきた系統のもので、日本列島の沖縄で発掘されたものに似通っていることを指摘している。

ここで、斎藤成也教授の、初期日本人の渡来モデルについての学説を紹介しておくと、「三段階渡来モデル」として以下のような学説になっている。

1　第一段階：約四万年～約四〇〇〇年前（ヤポネシア時代の大部分）
2　第二段階：約四〇〇〇年～約三〇〇〇年前（ヤポネシア時代末期）
3　第三段階前半：約三〇〇〇年～約一五〇〇年前（ハカタ時代）
4　第三段階後半：約一五〇〇年前～現在（ヤマト時代以降）

斎藤教授がヤポネシア時代というのは、後期旧石器時代から縄文時代の大半であり、ハカタ時代というのは弥生時代、ヤマト時代は古墳時代以降平安時代直前までである。

このうち、第二段階は縄文時代末期の一〇〇〇年弱であるが、私見によれば、これは二〇二一年におこなわれた中国、朝鮮半島、日本のゲノムの比較研究の発表で、六〇〇〇年前に中国東北部の西遼河から出発した新石器時代の雑穀農耕民が、朝鮮半島経由で日本列島に渡来したことを示しているのではないかとみられる。これらの雑穀農耕民は今から四〇〇〇～三〇〇〇年前に日本列島に雑穀栽培を伝え、言語的にも影響を与えたようだが、詳しいことはわかっていない。このころは、日本列島と朝鮮半島の間に国境はなかったので、考古学的にも双方の文化が相当交流した跡があることがわかっている。

考古学者たちも、日本本土の後期旧石器時代の開幕をつげる石刃技法とナイフ形石器をもたらしたのは、朝鮮半島から西日本へ渡来した一団で、それらはやがて東日本へ広がったとして、北方ルート説を支持し、最初の渡来者を「華北方面からの到来」と述べている。他方、東大の山口敏・元教授、埴原和郎・元教授らが「日本列島の初期住民の原郷が東アジアの北部ではなく、南部であることを示唆している」と述べるなど、近年は南方起源説を唱える研究者も増えている。

いずれにしても、後期旧石器時代から縄文時代草創期には、多方向からさまざまな渡来人が日本列島にやってきて、日本列島を構成したわけだが、南方から舟で渡ってきたとするものは少なく、朝鮮半島から対馬経由で渡来したとする者が多数であった。

一方、北方のアムール川からサハリン経由で北海道に渡来したヒトたちもいるが（寒冷な旧石器時代は陸続き＝古北海道半島であったから）、比較的日本に渡来した時期が遅く、マンモスやヘラジカ、トナカイ、ヒグマ、キタキツネなどの動物を追って北海道に到来したヒトが多かっ

マンモスの骨組み（国立科学博物館展示）

た。これらの動物はマンモス動物群と呼ばれ、北の陸橋（津軽海峡＝冬は薄氷が張り小動物は歩いて渡れた）を渡って本州にもやってきた。他方、南の陸橋（対馬海峡）からは、ナウマンゾウ、オオツノシカ、カモシカ、ニホンシカ、ツキノワグマ、ニホンザルなどが渡ってきたので、黄土動物群と呼ばれている。長野県野尻湖で発掘されて有名になったナウマンゾウとオオツノシカは南の陸橋から渡ってきた動物である。

　また、沖縄には山下洞穴人（三万二〇〇〇年前）や港川人（一万八〇〇〇年前）など後期旧石器時代の遺跡が多くあり、南からの渡来人も少なくなかったようである。それらの人たちは、現在の沖縄人とは別系統の人たち（例えばオーストラリア人やスンダランド人）で、彼らはその後絶滅したのではないかとの見方が有力である。

　港川人は那覇市の南南東約六キロの更新世の人類遺跡で一九六八年在野の研究者である大山盛安氏が石灰の割れ目から人骨を採取、沖縄県と東大人類学科の協力によって発掘しＤＮＡ解析を行った。脳容量は一三九〇ccと小さめである。

ここで、縄文時代より前の時期の日本の地形は、低温のために今とは違っており、ヒトの移動も後期旧石器時代は今と違っていたことを改めて紹介しておきたい。

①ユーラシア大陸とサハリン（樺太）、北海道は陸続きで、マンモスやヘラジカ、ヒグマも陸伝いに北海道に南下できた。それを追って先史時代人も古北海道半島に渡った。
②瀬戸内海は陸化していて、本州・四国・九州は合体＝古本州島になっていた。
③奄美以南は古琉球諸島と呼ばれる島嶼群になっていた。現在は一五メートルほど隆起している。
④現在の台湾は中国大陸の一部になっていた。
⑤朝鮮半島と対馬の海峡は今より大分狭く、薄く氷結することもあった。
⑥東アジアに多いサル、シカ、クマは沖縄諸島にはおらず、動物種の断絶があった。
つまり、後期旧石器時代には、日本海は完全にではないが、内海状態に近かったわけで、今よりは陸の部分が多かった。

日本本土では、一九四六〜四九年にアマチュア考古学者の相沢忠洋氏が、小間物商や納豆売りをしながら群馬県の岩宿で旧石器の遺物・遺跡を発見し、考古学者からも認められた。このように、初期の旧石器の発見ではアマチュア考古学者の果たした役割は少なくなかったが、後の東北地方のＦ氏のように石器の偽造埋め立てと発掘をおこなう行為をし、マスコミに報道されて（二〇〇〇年に毎日新聞がスクープ報道）、石器発見の行為全体に大きい傷を付けただけでなく、考古学者も巻き込んで、日本の考古学に大きい被害を与えた。この旧石器時代の偽造の背景には、古くからの日本の民族主義も関係していたようである。

後期旧石器時代の遺跡について

縄文時代になると、人びとは定住し始め、遺跡は全国にたくさん散在しているが、その前の後期旧石器時代には、日本人はまだ定住しておらず、移動生活をしていたので、残された遺跡も多くないし、ＤＮＡやゲノムの解析も日本本土では進んでいない。

しかし、旧石器時代研究家の安蒜《あんびる》政雄氏は、著書『旧石器時代人の知恵』で次のように指摘している。

「日本列島内部で発掘された旧石器時代遺跡の数は、一万ヵ所をはるかに超える。この遺跡数は東アジアの中でも際立っている。そのうえ、遺跡は関東に集中し、ことに平野部に集中する。……遺跡がなくなる時期はなく、旧石器時代を通して存在し続ける。……そこが絶好の狩場だったに違いない。同様な状況は宮崎平野など日本列島内のいくつかの平野部にも共通して観察できる。つまり、マイナーな存在ではない。人骨こそないものの、関東地方、特に『立川ローム層下底近く』に人間が住んでいた跡はたくさん見つかっている。しかし、酸性土壌が災いして約二万年前のヒトの骨は溶けてしまって見つかっていないのである」。「遺跡を調べてみると、くしくも『旧石器古道』に重なっている」

後期旧石器時代の住居は、そのあとの縄文時代の竪穴式住居と違って、定住ではなく狩猟漁労採集経済用の移住式住居が中心で、洞窟や簡易テント型の住居、石積み住居などであった。二万年前に相模原台地では住居跡とみられる柱穴が見つかっているが、それは稀な例であった。東北では鮭の漁をするための簡易移住式住居跡も見つかっている。しかし、土器の使用跡が見つかるのは基本的に青森県の大平山元遺跡（一万六〇〇〇年前）など縄文時代への移行期のものであり、定住が始まったことを示している。

もう一つの後期旧石器時代の遺跡は、赤城山麓の広大な裾野から見つかっている群馬県の下《しも》触牛伏《ふれうしぶせ》遺跡（三万年前のもの）であるが、石器群が五〇メートル四方にドーナツ状に連なっている。方眼紙に石器の出土地点を記した元の図面を縮小すると石器の分布が円形になり、ムラが存在したことが明らかになった、同様な遺跡は全国各地に存在していることがわかり、『環状ブロック群』と呼ばれるようになっている。これは、定住跡ではなく、狩猟生活の移動式活動拠点で、狩猟の際に離合集散がおこなわれたものである。これについては、研究者の小菅将夫氏が、『赤城山麓の三万年前のムラ』と題する本を出版している。

ここで、中橋孝博教授の著書『日本人の起源』から、岩宿遺跡での旧石器発見をしたアマチュア考古学者である相沢忠洋氏についての記述を若干紹介しておきたい。

「小間物の行商や納豆売りでなんとか日々の生計を立てながら、一人、あたりの遺跡を巡っては、こつこつと土器や石器を収集していたという。相沢の数少ない同学の師となる芹沢長介は、彼が電灯の節約のために群馬から東京まで一二〇キロの道を何度も自転車で通ってきた逸話を紹介している」

「相沢が、行商の帰り道に奇妙な石器を見つけたのは一九四六年、長い戦争を終わって二度目の秋のことであった。そこは赤城山の麓、群馬県岩宿の小高い丘を貫いて走る切り返しの道で、両側には高さ二メートルほどの赤土の断面が露出していた」

「彼は、桐生市の裏町にある棟割長屋の自宅に帰りつくと、夕食にする薩摩芋を入れた飯盒《はんごう》を七輪にかけたまま、手持ちの考古学の文献や採集して佃煮の空箱に入れてあった石器を出してきて、片端から調べていった」

もう一つ、鹿児島県種子島にある立切遺跡から、およそ三万年前の石皿や局部磨製石斧、集石遺構が見つかっているが、集石遺構は調理をおこなったと考えられている遺構である。拳《こぶし》大の砂礫を火で熱し、熱くなった石の上に葉っぱなどで包んだ肉や食物を置くと蒸し焼きにできる。集積遺構は旧石器時代の日本列島でかなりの数が見つかっており、この時代の代表的な遺構である。立切遺跡では、四キログラムくらいもある石皿が見つかっており、堅果類をすりつぶすために使われたとみなされているが、これらをもって移動は困難だから据え置いて移動生活をしたのではないかと見られている。

沖縄では、本島の港川遺跡、山下町洞穴遺跡、石垣島の白保竿根田原《さおねたばる》遺跡など旧石器時代の遺骨がいくつも出土しているが、沖縄のサキタリ洞遺跡では、魚釣りの古い道具も発見され、「世界でもっとも古い、二万三〇〇〇年前の釣り針の発見」として国際的に注目されている。

最も研究が進んでいる沖縄本島の港川人については、化石の発掘された港川フィッシャー遺跡では、一九六〇～七〇年代に石灰岩中の裂け目（フィッシャー）を埋めていた土地の中から港川人化石が発見された。四体（成人男性一体、成人女性三体）の保存の良い人骨と他の部分的な人骨だった、特に、港川一号といわれる男性化石は、全身の多くの部分が残っていて、DNA鑑定にも適していた。年代決定は難航したが、情報処理の結果で約二万年前のものであることが確認された。測定の結果、港川人の身長は男性で一五五センチ、女性で一四五～一五〇センチで、世界的にみればピグミーのように小さいヒトで、華奢な体形をしていた。頭骨の形は、中国の山頂洞人よりジャワ島のワジャク人によく似ていた。このため、港川人は南方に起源をもつホモ・サピエンスに分類する学者が多い。

その他、沖縄本島では、山下町洞人や下地原洞人も後期旧石器時代人遺跡から発掘されているが、子どもや乳幼児の部分的な骨、壊れた骨が多いといわれている。

先島諸島の石垣島では、白保竿根田原遺跡からたくさんの旧石器時代の人類化石が発掘されており、国立科学博物館の篠田謙一館長を中心とするグループが二体の化石人骨をDNA解析したところによると、ミトコンドリアDNAはB4とRであることが判明した。これらのタイプは中国南部から東南アジアに由来する可能性が高く、台湾経由でやってきたのではないかとみられている。

このあとの時代になると、日本列島の一環として、列島からの影響が強くなっていくが、初期に琉球諸島に移住してきた人類集団は、南方系の子孫ではないか、とされている。しかしその後縄文・弥生時代になると、遺跡の数が減るので、初期の移住者は一旦絶滅した可能性が強いのではないかとの見方が出ている。

他方、旧石器時代の人骨以外の考古学的遺物をみてみると、鹿児島県の種子島では、鹿児島県からの移民の影響もあって、九州や日本本土との同質性が強いが、徳之島など奄美大島となると、日本列島と南方系文化の双方の影響が拮抗している状況で、さらに南西に行って沖縄諸島では、石器自体がほとんど発掘されず、その代わりに貝殻が使われた形跡が強くなる。このことから、日本列島といっても、琉球と先島諸島では、後期旧石器時代にはあまり本土からの影響が強くはなかったものとの見方が強いようである。

後期旧石器時代を考察する際には、既述のように、二〇〇〇年一一月の毎日新聞のスクープ記事で、旧石器遺跡についてはそれまで約一〇年に渡ってアマチュア考古学者の偽造があった問題が発覚したことを念頭におくことが重要であろう。日本が後期旧石器時代に入る三万八〇〇〇年より前から、石器の偽造で日本にヒトが住んでいたような幻想がつくられていたが、少なくとも五、六万年前（出アフリカ）以前の旧石器（遺跡）についてはすべて偽造と判断せざるをえなくなった。

この章の最後に、旧石器時代研究家の安蒜政雄氏は、著書『日本旧石器時代の起源と系譜』の中で以下のような指摘をしているので、引用しておきたい。

「日本列島の旧石器時代人類史は、住民の系列が違う三つの段階に分かれる。まず、北海道以外の日本列島に一様に旧移住民がいた第Ⅰ、第Ⅱ期の段階。次いで九州から本州にかけては旧移住民と同化した南方系の新移住民、北海道には北方系の新移住民がそれぞれいた第Ⅲ期の段階、そして旧移住民と同化した南方系の新移住民と北方系の新移住民が、日本列島を二分して住み分けるまでの第Ⅳ、Ⅴの段階」

「旧移住民が純粋なかたちで生存したのは第Ⅰ期と第Ⅱ期の二時期であった。この日本列島最古の住民を『古い旧石器時代人』と呼んでおきたい。同様に第Ⅲ期から第Ⅴ期には北方系の新移住民が純粋な形で生存していた。『北の旧石器時代人』とする。一方、北の旧石器時代人と対応する南方系の新移住民が純粋な形で生存した地域と時期についてはこれをみとめがたい。南方系の新移住民は、旧移住民である『古い旧石器時代人』と同化して『新しい旧石器人』となった。すなわち、日本列島の旧石器時代人は、古い旧石器時代人と新しい旧石器時代人、それに北の旧石器時代人が、ナイフ、槍先、湧別系細石器等を築いたという人類文化の起源と系譜でひもとかれる」

コラム　沖縄で発見された主な旧石器時代遺跡

山下町洞穴人　約三万二〇〇〇年前　沖縄本島　一九六八年発掘
港川人　約一万八〇〇〇年前　沖縄本島那覇市近郊　一九六八年発掘
ピンザアブ洞人　約二万六八〇〇年前　宮古島　一九七九年発掘
白保竿根田原遺跡　約二万七〇〇〇年前　石垣島　二〇〇七年発掘
下地原洞人　約二万年前　久米島　二〇一〇年発掘
サキタリ遺跡　九〇〇〇年以上前の人骨　沖縄本島　二〇一六年発掘（世界最古の釣り針などが発見されている）

第二章　縄文時代の一万二〇〇〇年

第一節　分子人類学からの視点

ホモ・サピエンスは、三万八〇〇〇年前に日本列島に渡来してから、二万年以上を後期旧石器時代の日本列島で過ごしてきたが、氷河期が終わりに近づいた一万五〇〇〇年くらい前に九州南部から北進し、新たな時代である縄文時代（新石器時代、完新世）を迎える。時代区分は、学者によって多少のずれはあるが、縄文時代と新石器時代の開始はほぼ重なった形でとらえるのが学界の主流の考え方である。

後期旧石器時代から、中国大陸や朝鮮半島、沿海州、南方諸島などから日本には五月雨式に渡来人がさまざまな理由、形でやってきた。当時は舟が小さく航海術も未熟で、大きい集団として日本列島に攻め込んだり、大集団で避難してきたりしたことはなかった。それらの人びとは、新しく小グループでやってくる渡来人のほか、日本列島で狩猟・採集の生活をおこなっていた後期旧石器時代人は、ほとんどそのまま縄文人となったものとみなされている。というより、彼らには時代が変わったという観念はなく、自然のなりゆきで後期旧石器人が定住や土器使用をすると縄文人とみなされるようになったからである。

しかし、分子人類学の発達した現在では、縄文時代人のＤＮＡやゲノムは、男女別にほぼわかるようになっているのだから、まず分子人類学的な分析をしてみる必要がある。

ＤＮＡは発展の順序からすると一九八〇年代のミトコンドリアＤＮＡ（女系）と二〇〇〇年前後からのＹ染色体ＤＮＡ（男系）の双方があり、最初にミトコンドリアＤＮＡをみると、縄文時代の日本女性の独自のＤＮＡは、ハプログループＭ７ａとＮ９ｂである。これら二つのグループは現在では、日本列島内に限って存在する独特のグループである。

これらのグループの成立年代は二〜三万年前に遡るので、おそらくは、縄文時代より前の後期旧石器時代に大陸方面でＤＮＡが成立して日本列島に流入し、他方大陸方面に残った系統は他のグループとの競合で負けて消滅してしまった可能性が大きい。二つのハプログループの分布をみると、Ｎ９ｂは東日本から北海道にかけて多いのに対し、Ｍ７ａは西日本から琉球諸島で多数を占めている。旧石器古道をはさんで、日本列島内部でも文化や石器の形が異なるので、このミトコンドリアＤＮＡの相違は、石器作製者等の相違を反映しているものといえる。今では次世代シークエンサーの実用化で、それぞれのハプログループの地理的な分布の相違もわかるようになり、同じＭ７ａでも西日本に分布するものの方が東日本のものより古く、東に行くほど新しくなることがわかっている。したがって、中国大陸南部沿岸で成立したＭ７ａのグループは、西日本経由で東日本に向かったことがわかる。

ミトコンドリア（mt）DNAの解析では、九州の系統と東日本の系統は約一万年前に分岐したことがわかっているので、縄文時代初頭には九州と東日本の人びとは交流があったが、特に女性はその後双方の交流の機会がなくなったことが想像される。他方、N9bの方は、北海道の縄文人にもっとも多く、西に行くほど少なくなるが、九州の縄文人にもN9bは結構の頻度であるので北方と朝鮮半島の双方から日本に入った可能性が指摘されている。

こうしたミトコンドリアDNAの多様性は、日本列島の住民が後期旧石器時代から縄文時代にかけて様々な形で日本列島に入ったものの、入った方向と地域が画一的ではなく、日本列島内でも地域差が大きいことを示している。そして列島内の住民も均一ではなく、さまざまな文化、言語（方言）で構成されていることを物語っている。日本（縄文人）、朝鮮、中国の人びとを見ると外見は私たち日本人にとても似ているが、ゲノムの分析をしてみると、想像以上に相違が大きいことがわかる。ミトコンドリアDNAは、その後、弥生時代、古墳時代を経ると多様化がさらに増大するが、縄文時代には独自色が強かったといえる。

縄文時代でM7aとN9bに次いで日本人に多いD4系統は、誕生したのは後期旧石器時代で一五ほどのサブグループをもち、東アジアに共通していて、現代も多数みられる。

縄文時代人について、先史時代研究者の中橋孝博教授は、こんな指摘をしている。

「東アジアの諸集団がいろいろなルートで列島に入ってきて縄文人となったが、その後シベリアで寒冷地適応した北方系アジア人の集団が東アジアに広がり、この地域にいた縄文人の祖先は駆逐されて残らず、日本の縄文人だけが残った」

　国立科学博物館の篠田謙一館長は、『ＤＮＡで語る日本人起源論』の中で次のように指摘している。

「日本人のミトコンドリアＤＮＡは、北東アジアに類似していますが、Ｙ染色体ＤＮＡは、中国東北部や朝鮮半島とは大きく異なっているのです。現時点では、古人骨に由来するＹ染色体の解析に成功していないのでその歴史的経緯について言及することが出来ませんが、Ｙ染色体ＤＮＡの集団的比率はミトコンドリアＤＮＡのそれよりも比較的短期間で変化することが予想されるので、双方の違いは初期拡散の状況ではなく、その後の歴史的な経緯によって生じた可能性が高いのではないかと推察されます」

　他方、男系のＹ染色体の比較をしてみると、縄文人の多数がもっていた日本独自のＤ２の遺伝子は、他の国の住民ではもっているヒトがほとんどなく、縄文人はアジアでも独自のＤＮＡをもっていたことがわかる。アジアで、Ｙ染色体がＤのハプログループＤＮＡをもっているのは、Ｄの祖型をもつアンダマン諸島（インド沖）とチベット高原の住民（Ｄ１）、及び日本人男性だけで、中国本土北部の住民のＹ染色体がＯ３（ｅ）の遺伝子が圧倒的に多い中で、日本とチベット高原の住民だけが迫害を受けて避難のために日本とチベットに逃げてきたためではないかとの説が有力視されている。その意味では、日本列島は中国大陸の東南海上の孤島として古くから「東アジアの避難所」の役割を担ってきたとの見方が強い。

日本には、その他、C1と、C3のY染色体も一定程度独自のDNAとして存在していることも他のアジア諸国とは異なる特徴である。C3はかつて東アジア北部に多かったハプログループであり、旧石器時代から日本列島に存在していたとみられている。日本人のもつハプログループCは、C1とC3のサブグループに分かれるが、C1は沖縄、C3はアイヌに多いと報告されている。

その後、日本列島では、弥生時代になると、O系統のY染色体をもったヒトが多く流入するが、それでも、中国や朝鮮半島と同一のY染色体DNAのOだけによって置換されるのではなく、Y染色体が多様化する中でO系統のDNAが過半数に増えているのが特徴である。

そして、縄文時代から弥生時代にかけてのY染色体ハプログループDNAの中で注目すべきことは、世界の主要なY染色体の三大ハプログループのすべての種類が日本に入り、稀にみるDNAの多様性をみせていることである。

Y染色体はA〜Tの二〇のハプログループに分かれているが、アフリカに残ったのはA、Bだけで、出アフリカで飛び出したグループはC系統、D・E系統、F〜T系統に分かれた。このうち日本列島にやってきたのは、C系統（C3とC1）、D系統（D2）、O系統（O2bとO3）、ごくわずかなQ系統（古い東アジアグループでアメリカ先住民にも遺伝子がある）などである。現在ではC、D、Oの三つのハプログループだけで日本人全体の九割を占めている。O系統は渡来人に多いグループでユーラシア大陸東部に集まっている。出アフリカの時にはK祖型、東南アジアでNとOになり、東アジア南部でO系統に分岐している。現代ではO系統は一四のサブハプログループに分かれているが、このうち日本人がもつものは八種類で、最大のものがO2b1で全体の二二%を占めている。

漢民族に多いのはこのうちO2a（中国南部）とO3（中国北部）で、日本には渡来人として弥生時代以降に相当数がやってきている。人類学者の崎谷満博士は、古代日本のDNAについて苦難の歴史の中で「高いDNA多様性を維持できたことは奇跡なようなことである」と指摘している（『DNAでたどる日本人一〇万年の旅』）。実際、日本には中国大陸で迫害されたり、逃亡したりした人びとが多数海を渡ってやってきたとの見方が強く、日本がチベット同様に東アジアの避難民の集合場所、新しい生活の再出発の場所になっていた可能性が強い。

現代の本土日本人にみる縄文人の遺伝的要素の比率は諸説あるが、大雑把に言って一〇〜二〇%程度とする分子人類学者が多いようである。

第二節　縄文の名称と特徴、一万二〇〇〇年の長さ

最近では、日本は縄文時代ブームになっていて、縄文時代をテーマにした博物館の特別展示会などは大賑わいをみせている。しかし、日本で「縄文式土器」「縄文式文化」の名は早くか

ら使われたが、「縄文時代」の呼称ができたのはさほど古いことでなく第二次大戦後の一九五〇年頃になってからである。縄文時代は、貧しく時代遅れの時代だったとのイメージが多くの人びとの間で強く、小学校の教科書などでも縄文時代は冷遇されてきた。

縄文時代というのは、「縄文式土器の時代」の意味で、国際的な時代区分でいえば、ほぼ「新石器時代」と重なり、縄文時代の次の弥生時代の途中から「金属器の時代」（青銅器時代、鉄器時代）に入る直前まで新石器時代の呼称が使われている。縄文式土器は、この時代の代表的な土器で、土器の使用はこの時代の区分の最大の特徴であるから、土器の研究をした戦前の考古学者、山内清男《すがお》教授らは、縄文式土器の縄目紋の特殊の文様の付け方に気づいた当事者として、縄文式土器、縄文時代の呼称の推進者になった。この呼称は今ではすっかり歴史家を含めて多くの国民に親しみをこめて使われるようになっているが、国際的な先史時代の時代区分としては、「新石器時代」の方がわかりやすいといえる。

特に縄文式土器でも、新潟の火焔型土器、山梨の曽利式土器、長野の焼町土器などは、原始土器の傑作、芸術品として有名である（その前後の中国製の土器、沿海州のアムール川流域の土器より芸術性が高いといわれる）。縄文時代には定住が始まったこともあって、土器づくりを専門にした職人や職能集団も生まれ、物々交換をしていたとされる。

日本の土器の他、東北アジアにはいくつかの世界的に古い土器が出現しているので、国立歴史民俗学博物館の藤尾慎一郎教授の著書『日本の先史時代』から引用しておきたい。

①約二万二〇〇〇年前の寒冷期：東・南中国で出現
②約一万六〇〇〇年前の温暖期に向かう直前：東北北部・九州北部
③約一万四八〇〇年前の温暖期：沿バイカル・アムール流域と北海道
④約一万三〇〇〇〜一万一七〇〇年前の寒冷期：中国北部北東部

このうち②の一万六〇〇〇年前の東北北部は、青森県の大平山元《おおだいやまもと》遺跡（日本最古といわれる）であり、九州南部の隆線文土器もそれより一〇〇〇年ほど後に出現するが、中国と沿海州のアムール川流域でも、古代の土器が発見されているので相互に影響を与えた可能性が指摘されている。縄文時代は一万五〇〇〇年前頃に始まり約一万二〇〇〇年続いた。

また、縄文時代に新たに登場したものとして、土器のほかに、竪穴住居、石鏃《ぞく》（弓につがえる石の矢ジリ）、土偶などがあり、定住が始まったことも大きい特徴である。

次に、縄文時代が戦後日本で冷遇されたことについては、歴史作家の関裕二氏がこんな指摘をしている。

「ゆとり教育のせいだろうか。平成一〇年（一九九八）の小学校学習指導要綱改定によって、一度旧石器時代と縄文時代（新石器時代）は教科書から消えてしまった。平成二〇年（二〇〇八）にようやく復活したが、それでも教科書の記述はわずかで、一般社団法人日本考古学協会は平成二六年（二〇一四）五月に『小学校学習指導要領の改訂に対する声明』を発表して、改善を求めている」。関裕二氏は、教科書から縄文時代が消えた理由の一つとして、「日本人の歴史は大陸や半島から歴史が伝えられて、ようやく発展の糸口を掴んだ」という漠然とした常識が支配していたからではなかろうか、「野蛮で未開な縄文時代を学んでも何も意味を持たないと、信じていたからにちがいない」と述べている。そして、「日本人がなぜ、『世界でも稀な文化を形成したのか』といえば、日本列島が東海の孤島で、縄文人が世界にはない独自の文化を編み出したからにほかならない」と強調している。

確かに、関氏の指摘するように、日本の文部省や学界には縄文時代を「遅れた時代」、弥生時代を「大陸の文明を輸入した発展の時代」という偏見が最近まで支配していて「弥生至上主義」のようなものがあり、縄文時代については、ユネスコが先んじて二〇二一年に北海道と北東北の縄文遺跡群を「世界文化遺産」として登録したような経緯もあった。

縄文時代は、日本列島に住んでいた住民については、後期旧石器時代と系統的にほとんど変わらず、新たに中国大陸や、朝鮮半島、沿海州などからやってきた人びとが加わった程度で、人口は後世より非常に少なかった。小山修三著『縄文学への道』によると、全国の人口は前期縄文時代で約一〇万人、一番人口の多かった中期で約二六万人、後期で一六万人と試算しているが、地域的にみれば、縄文中期で東北地方が約四万七〇〇〇人、関東が九万五〇〇〇人で、他の地域は計測できた数字の記載が極めて少なく、九州は中期で五三〇〇人くらいとされている。弥生時代になれば全国の人口は約六〇万人と縄文最盛期の倍加する（奈良時代にはさらに大幅に増えて約五〇〇万人）が、縄文時代の人口は一万年以上を通じて三〇万人に達したことはなかったようである。弥生時代以降になると、西日本の人口が東日本を上回るようになり、その後もその傾向は変わらない。しかし、これらの数字はあくまでも一つの個人的なシミュレーションであり、人類学者でも斎藤成也教授などはこの数字に懐疑的で、この二倍程度はいたとの試算を発表している。

では、縄文時代の社会の特徴はどんなものであったのだろうか。旧石器時代との相違の指標の一つは定住生活が始まったことであり、もう一つは土器がほとんど全国に普及したことである。定住生活と土器はほぼセットで普及していった。

全国で一番早い時期に出現した土器は、一万六〇〇〇年ほど前の青森県の大平山元遺跡から出土した無紋土器であることはすでに指摘した。その後、縄文という縄目模様の土器が全国に出回るようになり、今から三〇〇〇年前くらい（弥生式土器の出現時）まで使用された。西アジアでは農耕の始まった後に土器が出現するが、多くは食料貯蔵のために使われ、東アジアやシベリアでは狩猟採集経済の段階で土器が使われ始めたとされている。日本では食料貯蔵より、食品の調理やドングリのあく抜きに便利で使用された。縄文式土器は、日本本土では弥生時代の始まる約三〇〇〇年前まで、日本列島北部では一四〇〇年前くらいまで、また沖縄ではグスク時代の始まる一〇〇〇年くらい前まで作られ続けた。このように時代にズレはあるが、縄文式土器は日本列島を構成する地域全体で使われたことがあるのが特徴である。

縄文式土器が出現した時期と時を同じくして、アジアでは、沿海州のアムール川流域や、中国でも土器が出現する。日本とどちらが古いかと競争する議論もあるが、我田引水的な一番争いをしても有益ではなく、東北アジア各地で出現したとみるのが妥当である。

国立遺伝学研究所の斎藤成也教授は、著書『日本人の源流』の中で、その辺の事情について次のように書いている。

「旧石器も縄文式土器も、もとは大陸から伝えられたようだ。縄文時代には逆に縄文式土器が朝鮮半島に影響を与えた場合もあった」

「縄文時代前期に九州から沖縄にかけて分布した曽畑式土器は、朝鮮半島の南部の櫛目文土器と類似しており、研究者によっては、なんらかの交流があったと考える。井口直司によれば、中国の龍山文化の影響を受け、縄文晩期に九州全域に黒色磨研土器が出現したという。山田康弘、勅使河原彰は縄文時代における大陸と日本との交流について言及している」。

ただ、土器の出現としては日本では東北が一番古いが、縄文時代の始まり全体としては、九州南部の方が早かったようで、「縄文化」は九州南部から北上していったとされている（藤尾慎一郎『日本の先史時代』）。縄文土器の中には、旧石器時代のものと縄文時代のものの二種類があるという説もある（今村啓爾）。

考古学者のゴードン・チャイルドは、「土器が化学的変化を応用した最初の出来事である」

と述べ、それまでの道具が素材を割ったり削ったりしたのに対して、土器は粘土を次々に増量して造形的なモノづくりをする点で画期的である点を強調している。

なお、縄文時代から弥生時代に移行する境目をどの時期にするかについては、伝統的に紀元前三〇〇年頃とされてきたが、二〇〇三年五月に国立歴史民俗博物館の炭素C14年代の測定チームの再調査によって、九州北部の水田稲作耕作開始の紀元前一〇世紀に弥生時代が開始されたと修正された。それに伴い、日本での金属器の普及は紀元前三〇〇年頃と従来と変わらないが、稲作開始の時期と金属器使用ではかなりのズレがあるようになっている。しかし、これは、世界的に両者は別の起源をもっているので当然とされている。

こうした修正によっても、縄文時代は一万二〇〇〇年くらいになるので、その間とそれに続く弥生時代は先史時代であるが、日本の歴史時代の一〇倍も長い先史時代（特に縄文時代）については、もっと重点を置き、強い注意を払うことが求められている。

第三節　縄文人の衣食住確保と食生活

次に、縄文人は、どのような労働と生活をしていたか、衣食住の確保と食生活はどうだったか、について考察してみよう。

縄文人が定住生活を始めると、労働の仕方と衣食住の確保の方法も、旧石器時代とは変わった面がいろいろ出てくる。相変わらず狩猟・漁労、採集が主たる食料確保の方法であるが、狩猟の際に弓矢を使ったり、漁労の際に舟を使ったりすることも、縄文時代の新たな特徴である。そして、家族とムラ社会の協力や共同作業がいっそう重要になって来る。

衣食住の衣服については、暑い時期には衣服を脱いで裸になれば凌げるが、寒さ対策としては動物の毛皮を利用したり、アサを栽培して編んだり、重ね着したりしたようである。

住居については、各家族が入れる丸木柱づくり、半地下式で屋根をつけた竪穴式住居が中心であったことがわかっており、そこで、寒さ対策や猛獣対策、調理のために火や囲炉裏を使用したことは万国共通で、薪とりは女性や子どもにとっても重要な仕事であった。クマやオオカミなどの獣との戦いでは縄文人は想像以上に勇敢だった。

一番苦労したのは、やはり食料の確保であったと思われる。狩猟では、黒曜石や磨製石器を用いた槍や弓矢の使用が重要な役割を果たすようになって、シカやイノシシ、クマ、アザラシ、イルカ、ノウサギなど動物の捕獲がしやすくなり、落とし穴なども数多く発見されるようになった。漁労では丸木舟が使用され、銛《もり》や釣り針も利用され始め、また川を遡上したサケなどをたくさん捕獲し、干物にしたりするようになった。東北・北海道では、ドングリとサケ（鮭）が二大保存食物であり、冬を越すために不可欠だった。魚類はサケの他、ブリ、クロダイ、カツオ、マグロ、ヒラメ、コイなど種類が多く、貝類も淡水産と海産の双方の多種類のものを食べたことは、各地にたくさん残っている貝塚によって確認することができる。植物では、クリやクルミ、シイ、ブナなどの木の実や堅果類（ドングリ）が二〇種類以上食用に供され、一家総出で寄せ集め、生では食べられないので、水にさらしたり、土器で煮たりしてあく抜きをして食べていた。

また日本が原産地ではないヒョウタン、リョクトウなどのほか、陸稲やミレット農耕の雑穀類（アワ、キビ、ヒエ、ソバなど）、根菜類、ダイズ、アズキなども栽培して食べていたことはプラント・オパールなどの集団的研究で確かめられている。

熊本大学の小畑弘己教授（考古学）は、縄文時代の初期から後期にかけて、ダイズやアズキの産地が関東・中部地方から西日本や九州にも広がり、「人による播種と発芽、そして収穫へのメカニズムを縄文人たちはすでに知っていた」、「定住化にともなう貯蔵行為が農耕を受け入れる原因ではないか」、「縄文時代のマメ類についてもドングリやイネ科植物種子と同じように、乾燥状態で長期の保存がきくという貯蔵に適した性質を有している」ことを指摘している（『タネをまく縄文人』）。ダイズやアズキが栽培できたことは、それを煮炊きする調理技術とあいまって、縄文時代の人々の食生活を豊かにした。

ここに改めて、縄文人が食料にした主なものを列挙しておきたい。

一、クリやクルミ、ブドウ、ウメなどの果実

二、ウドやタラの芽、フキ、ワラビなどの山菜

三、ソバ、アワ、ヒエ、キビ、コウリャン、エンバクなどの雑穀
四、陸稲（熱帯と温帯のジャポニカ種）、大麦、ハトムギなど
五、ドングリの類（カシ、シイ、トチ、コナラなど）
六、イモ（ヤムイモ、サトイモ）、根菜、豆類（ダイズ、アズキ）など
七、魚類（サケ、マス、タラ、ブリ、マグロ、カツオ、カレイ、コイなど）
八、貝類（アサリ、ハマグリ、ホタテ、シジミなど）
九、狩猟の対象（シカ、イノシシ、クマ、ノウサギ、タヌキなど）

これらのうち、大陸や半島などから入ってきた陸稲、雑穀などもあるが、日本古来からあるヒエ、アズキなどもある。縄文時代の研究が進むと新たにわかってくる食物の種類も増えると思われる。

各地域で食生活に違いはあるが、全体としてみると、堅果類（ドングリなど）とアワ、キビなどの雑穀（ミレット）を主食にしたところが多かったようである。特に、アワとキビは、縄文時代後晩期に栽培が広がり、弥生時代になると関東や東北地方中南部など水田稲作の開始が遅れた地域で、主食替わりとなっていた。アワやキビは中国の華北地方からさまざまなルート（特に朝鮮半島経由）で栽培が伝来しても不思議ではない。

魚貝類は、日本列島が海に囲まれており、各地に貝塚があることでも明らかなように、沿海地方で、他の諸国よりはるかに多く食べられるようになっていた。

復元された縄文時代の家族像（国立科学博物館）

また、縄文時代後期になると、農耕で畑を耕すようにもなるが、狩猟採集が生計の中心で、農耕は補助的役割という「園耕」（horticulture）農業が普及するようになる。この形態は、弥生時代になるとより広範に普及するようになるが、先史文化研究をしている藤尾慎一郎（国立歴史民俗博物館）教授が、このことを強調している。

縄文文化研究者の小林達雄氏は、『縄文人の世界』でこう指摘している。

「熱帯から温帯にかけて暮らす狩猟採集民の食料は、植物性のものがだいたい三分の二を占める。ただ植物性食物は生で食べられるものよりも煮炊きして調理しなければ生理学的に消化器官が受け付けず、食べることができないものが多い。植物性食品の利用の種類を広げるほど、とくにその傾向が強い。たとえば、現在ブームになっている山菜類にしてもアクやエグミが強く、そのままでは食べられないものばかりである。……今はビールのつまみに絶品の枝豆さえ、煮なければ生臭くて飲み込めたものではないことを思い浮かべてみるがよい」

「縄文人の主食になったドングリも、土器の中で煮炊きしてタンニンを抜き取り、ようやく食品として利用するようになり、やがてそのドングリを縄文人の『主食』の地位に押し上げていったのである」

「貝類もこうした種類の食品である。堅く殻を閉ざしたアサリやハマグリを旧石器人は最後まで食料に結び付けることに関心を示さなかった。それを開始し積極的に利用を進めたのは縄文早期人である。土器に海水を加えて煮れば、素晴らしいスープができ、貝もふたを開けて容易に肉を食べられるようになる」

「縄文時代の生業は狩猟、漁労、採集の三つからなっていた。貝塚、洞窟、低湿地で発見される食料は、哺乳動物六〇種類以上、貝類三五〇種以上、魚類三五種以上、植物性食料五五種以上にのぼる。ワラビ、ゼンマイ、タラの芽、カタクリ、ウド、キノコ類の多くは出土リストから抜けているので、これを加える必要がある」

「食材の確保が計画的になり、空腹をみたすためだけでなく、種類によっては大量に獲得して、貯蔵しながら、長期的に食料事情の安定がはかられる」

従って、縄文人が食用にした食料の種類はきわめて豊富で変化に富んでおり、それらを季節ごとに順繰りに栽培・収穫するために、年間の労働スケジュールとして一枚の図にしたのが、小林達雄氏の作成した「縄文カレンダー」である。特にサトイモなどの地下茎は少ないながら年間を通じて食用に利用されたので、計画的に労働をするように努めていた。

ここで、縄文時代の中期に日本列島に陸稲（熱帯ジャポニカ）が入ってきた時期であるが、イネの研究者である佐藤洋一郎氏は六〇〇〇年前としている。朝鮮半島で陸稲が栽培されるようになったのは、三〇〇〇年前（紀元前一〇〇〇年）とされているから、それより三〇〇〇年早く、中国の長江流域で水稲栽培が普及した時期であった。日本では当時はまだ大規模普及まではいかなかったが、相当早い時期に陸稲が入ってきたようである。

先史文化を研究した佐々木高明博士は、その著書『日本文化の多様性――稲作以前を再考する』の中で、縄文時代の穀物栽培について次のように書いている。

「全国の縄文時代中期から後・晩期の遺跡から、一九八〇年代になると次々に栽培植物が発見され、穀物に限っても、後に詳しく述べるイネのほか、ソバ、アワ、ヒエ、オオムギ、キビ、エンバクなどが発見され、縄文時代にはすでに各地で原初的な農耕が小規模に営まれていたことがわかっています」

「とくに雑穀では、北海道南部や青森県の縄文時代前期や中期の遺跡からアワやヒエが出土していることが注目されます。なかでもフローテーション法による精緻な研究をすすめてきた吉崎昌一氏によって『縄文ヒエ』と名付けられたヒエの存在が注目をひきます」

「福岡県教育委員会の山崎純男氏が、北部九州出土の縄文土器に残されたいくつもの圧痕資料を再調査して、正確なレプリカを製作し、それを詳しく調べた結果、イネ、オオムギ、アワ、ヒエ、ハトムギ、マメ類、ゴボウ、シソ、エゴマなどの栽培植物が改めて確認されました。このほか穀類につく昆虫のコクゾウムシの圧痕も発見されて注目されました」、

「坪井洋文氏は、フィールドワークを重ね、『イモと日本人』（一九七九年）を著しています。稲作文化の象徴であるモチを用いないで、正月にイモを食べる『モチなし正月』（イモ正月）の存在とその特色を考察して畑作中心の文化の存在を強調しました」

このように、縄文時代の食料の豊富さは、地域差はあるが、現代人が想像する以上のものがある。ただ、縄文時代の食料生産については、農耕について強調しすぎないようにしないとまずいとの指摘も縄文文化研究者らから出されている。縄文時代は大規模生産ではなく自然に頼るものが中心であり、余剰生産物があったとしても一時的であって、人口増に繋がる場合でも、食料不足が生じると再度人口調節をせざるをえない不安定さがあった。

また、食料ではないが、土器やクシ、食器類などに漆《うるし》を塗る方法を考案し、沢山の漆の製品が残されているのも特徴である。漆の利用は中国大陸より早い時期から始まり、重ね塗りした赤と黒の漆器は、芸術品としても品質の高いことで世界的に知られている。この漆器類（英語では「ジャパニーズ・ラッカー」という）は、化学塗料をもってしても真似のできないもので、耐久性、装飾性とも現代の製品に劣らないとされている。中国浙江省の遺跡で発見された日本製の漆の製品は、C14の年代測定で今から六二〇〇年前のものという結果がでており、縄文前期のものと思われる。

もう一つ、おびただしい数の土偶と石棒が各地の遺跡から発掘されるが、これは縄文人の信仰の厚さと結びついた宗教色（アニミズム）の強いものとの見方が有力である。土偶は主とし

東京・縄文展での土偶

て大小さまざまの女性像をお守り風にしたもので、現在発見されているのは二万五〇〇〇点余り、実際にはその一〇倍くらいが全国に存在していると推定されている。北海道南茅部町（現函館市）の畑から偶然発掘された縄文の土偶は中空になっており、唯一国宝指定の土偶となっている。

　また石棒は、巨大な男性性器の形の石で、縄文の人たちの性器信仰のおおらかさ、神聖さが伝わってくる。各地の貝塚には縄文人が死者を一緒に葬っている例が多いが、ここにも死者を祀ることと結びついた自然信仰の跡が感じられる。

第四節　縄文時代の主要な道具

　ここで、縄文時代の人びとが生活で使用した主要な道具について述べてみたい。

　縄文時代は土器が出現したことで、後期旧石器時代と区分をすることになっているが、同時に、道具の点でいえば、狩猟で使用した武器についても触れないわけにはいかない。

縄文時代を代表する道具といえば弓矢と土器といわれる。旧石器時代の終末期に神子柴《みこしば》、長者久保石器群の文化の担い手たちによって、以前からの石器文化の流れの中でこの日本列島にもたらされた可能性が強いといわれている。

安蒜政雄、勅使河原彰両氏の共著『日本列島　石器時代史への挑戦』は、次のように書いている。

「弓矢は、弓の瞬発力と弦《つる》の張力をくみあわせて利用し、矢を遠くに飛ばす道具である。矢の先端に石鏃《せきぞく》が使われるほかは弓弦、矢柄とも植物が利用されている。突き槍、投げ槍、弓矢の三つがセットとして日本列島にもたらされた。弓矢は狩猟具として優れている。猟犬、落とし穴とともに縄文時代の狩猟スタイルである」

また、土器は、煮炊き用と貯蔵用の双方に使われ、いずれも深鉢形が大半だった。特にアクを抜くには水でさらすか、煮詰める加熱処理が主要な方法だった。食品を練り合わせる製粉具の普及と合わせ、撚糸文形土器、打製石器も植物系食料の利用に使われた。

「ドングリには一〇〇グラムあたり二四〇～二八〇キロカロリーの熱量があり、一日に一・五キロの採取で十分である。堅果類は天然の生デンプン（B）を五五～六〇度で加熱するとαデンプンになり消化しやすい。煮炊き用に土器によって山の幸を利用した」と前掲書は指摘している。

ところで。縄文式土器は、縄文から弥生時代にかけて、朝鮮半島に相当量流入したことが、釜山市の東三洞貝塚の発掘で発見されている。弥生時代には、その逆で朝鮮半島の土器が少量北九州に流入している。この時代には国境の概念はなかったのである。

第五節　三内丸山遺跡、上野原遺跡などの事例

ここで、縄文遺跡の代表例として、青森県の三内丸山遺跡と鹿児島県の上野原遺跡について紹介しておきたい。

青森市郊外にある三内丸山遺跡は、江戸時代から遺跡があるのではないかといわれていたが、平成の大発掘（一九九二～九四年）で県営野球場建設予定地に「日本最大の縄文集落発見」と東奥日報朝刊（九四年七月一六日）に書かれた三五ヘクタールの巨大な遺跡であった。二〇〇〇年には四四年ぶりの国の特別史跡（縄文遺跡として国内三番目）に指定され、今から五五〇〇～四〇〇〇年前（一五〇〇年間継続）の円筒土器文化期の拠点的集落として、国内外から大きい注目を集めた。この遺跡からは、三年間でリンゴ箱四万箱の遺物が発掘され、六本のクリの柱を組んだ高い塔（物見やぐら）と倉庫や神殿、住居跡の他、墓やゴミ捨て場、周辺のクリ林跡、さまざまな栽培植物の跡など多くのものが発見された。

この遺跡には、多くの考古学者らが調査に入り、縄文時代の人びとの生活について明らかにされた。詳しくは、同遺跡の発掘・管理責任者をしていた岡田康弘氏が『縄文を掘る』と題する著書などで書いているが、キーワードは「大きい、長い、多い」とされ、全国から今でも多数の人びとが、この一五〇〇年間続いた縄文遺跡跡の見学に訪れている。

当時は、三内丸山遺跡に住んでいた人びと（推定で一度に一〇〇人〜五〇〇人くらい）は、遠くの地域を含めて、あちこちと交易や連絡をしていたようで、黒曜石、アスファルト（接着剤に使う）、新潟産の翡翠《ひすい》など当時は貴重だった物品が掘り出されており、交易も遠方の地域を含めて極めて盛んであったことが明らかにされている。黒曜石はマグマの噴出に伴ってできる天然のガラスで、鋭利なため槍先や刃先などに好んで使われた。黒曜石の産地は、北海道、長野県、静岡県、佐賀県など日本全国の数十ヵ所に点在していたが、伊豆諸島の神津島のものは特に有名で、わざわざ舟を仕立てて受け取りに行き、世界最古の往復航海をしたものとして知られている。

三内丸山遺跡の六本柱の塔
（国立歴史民俗博物館で）

三内丸山遺跡の六本柱の物見の塔は、灯台がわりの目印になっていたのではないかとの説がある。この塔は、海を隔てて遠くからでも見ることができるために、北海道や東北の海に出る人たちには、方向を知るのに便利だったようである。

また、住民が食べたとされる食料については、主食は、ドングリと、カシやシイなどの堅果類であると見られているが、シカやイノシシなどの動物類、カモやハトなどの鳥類、数十種類の魚類、アサリ、ハマグリ、ホタテなどの貝類、クルミなどの木の実、ヤマブドウなどの果実、山菜類と多数のものがゴミ場にあったことが明らかにされている。また、ヒエ、ゴボウ、マメ、ヒョウタン、エゴマなどが収穫され、酒も造っていた。三内丸山のムラの人びとはクリを材料にした「縄文クッキー」と呼ばれる菓子を食べたので、住民には虫歯が多かったともいわれる。東北、北海道近辺には、縄文時代の遺跡は多いだけに、当時から互いに交易をしたり、連携をとりあって協力していたらしいこともわかっている。

他方、一九九七年、鹿児島県霧島市の国立上野原テクノパーク（工業団地）建設の増設に伴って発掘調査された上野原遺跡では竪穴式住居五二軒を中心に、石蒸し料理施設の集石遺構（三九基）や燻製料理施設の連結土坑（一六基）など多数の生活遺構が発見された。

当時の新聞は「約九五〇〇年前の国内では最古で最大級の集落！　上野原遺跡発見！」などと報道し、大きな話題になった。五二軒の住居跡のなかの一〇軒ほどの住居跡の竪穴内の盛り土に桜島起源の火山灰がパックされた状態で見つかった。このことから噴火当時に一〇軒程度の家が建っていたことが想定された。つまり、ここは、日本で一番古い「縄文のムラ」だったといってよい。

ここで縄文人が使用していた土器には貝殻で文様が施され、円筒形や角筒形の平底の土器で、この時期には日本列島の他の地域に例のない南九州独自の土器とされている。

上野原遺跡は、一九八六年に発見されて以来約一〇年余、継続的に発掘調査が行われ、一九九八年六月に七六七点が「南九州地域における文化の先進性を物語る貴重な学術資料」として、国の重要文化財に指定されている。

上野原台地は姶良《あいら》カルデラや桜島などの噴出した多くの火山灰の堆積層からできている。火山灰層は腐植土層と互層になって一七層以上の層位が確認されている。五層は、屋久島の北海底（硫黄島付近）の鬼界カルデラから噴出したアカホヤ火山灰層である。一〇層以下では人類の生活した跡は確認されていない。つまり、上野原遺跡では、激しい火山活動の中で人びとが生活をおこなっていたことが判明している。

周辺からは土偶や土製耳飾り、異形石器など祭器的な様相がみられる遺物が多数出土している。

この集落は約一万一五〇〇年前の桜島起源の薩摩火山灰が堆積した後につくられたことが確認されている。その後、今から約七三〇〇年前に屋久島の北の海底で完新世最大といわれる鬼界カルデラの大爆発が起こり、火砕流や火山灰は海を越えて南九州を覆った。上野原遺跡では、当時の住民の火山の爆発の中での厳しい生活が知られて興味深い。

「上野原縄文の森」遺跡では、燻製料理や蒸し焼き料理づくりの体験学習もおこなわれていて、往時の縄文人の食生活の疑似体験ができるようになっている。

コラム　日本の五大火山爆発（一一万年前から年代順）

（1）一一万二〇〇〇〜一一万五〇〇〇年前：洞爺湖火山爆発。火山灰は北日本に広く分布。

（2）八万五〇〇〇〜九万年前：阿蘇の大噴火。スマトラ島のトバ噴火（七万年前）に次ぐ世界第二の大噴火。

（3）二万六〇〇〇〜二万九〇〇〇年前：姶良《あいら》カルデラ大噴火。鹿児島湾の最奥部を作った、世界一〇指に入る噴火。最終氷期の指標層。

（4）一万二〇〇〇年前：桜島大噴火。最終氷期の最大時に対応。

（5）七三〇〇年前：鬼界アカホヤ大噴火。鹿児島の南、屋久島の北にある、硫黄島、竹島を外輪とする海底カルデラの噴火。西日本に広く降灰が確認され、縄文時代中・末期の社会に大きく影響した。

第三章　弥生時代の水田稲作と金属器など

第一節　弥生時代の定義とＤＮＡの変化

「弥生時代」は、水田稲作の開始によって定義されるが、その他に弥生式土器の普及、金属器の使用も大きい特徴になっている。

水田稲作については、発生したのは中国の長江（揚子江）の中下流域で、作物の収穫開始については、一万一〇〇〇～一万年前に遡るとされている。黄河流域がアワやキビなどの雑穀や、小麦などの主食であったのに対し、長江流域は稲作が「農業革命」の主要作物であった。稲も雑穀も次第に周辺地域へ広がっていくが、水田稲作については、山東半島・遼東半島から朝鮮半島経由で日本の北九州に入ったという説と、中国大陸のもっと南から直接海路で日本列島にもたらされたとの説がある。

考古学者の中橋孝博教授は、中国の長江が水田稲作の発祥地であったことについて、『倭人への道』で次のように書いている。

「江南地方は、いうまでもなく世界でもっとも古くから稲作農耕が始まった地域として知られ、弥生時代には日本列島へと伝播する稲も、その大本をたどれば、結局この地にたどり着くことになる」

「紀元前四〇〇〇〜五〇〇〇年ころになると、古くからアワ、キビ農耕がはじまっていた黄河中、下流域に次第に稲作農耕が浸透していったことが明らかにされており、こうした拡散状況も稲の持つ力をよくあらわしているように思う」

「鹿児島県種子島には、古代米とされる『赤米』にまつわる神事が今に伝えられており、この『赤米』は、熱帯ジャポニカが伝播する以前、南島ルートで陸稲栽培が列島へと流れ込んできたことは、それほど浮世離れした話でもなかろう」

「岡正雄（歴史学者）は、『紀元前四〜五世紀ころに起こった呉・越の動乱に伴い、江南の非漢民族社会に大きな動乱が起こり、その影響を受けて江南の稲作文化が日本へ渡来した』と述べている」

他方、農学博士の佐藤洋一郎氏によると、世界最古の水田稲作の発祥地については、一九七〇年代以前には、通説は雲南（中国）・アッサム（インド）とされていたが、一九七三年に長江下流の河姆渡（杭州の近く）で稲作の大規模な遺跡が発見され、これを機に中国の研究者である王在徳氏が「中国最古（世界でも最古）の稲作遺跡」と発表した、と説明している（『DNAが語る稲作文明』）。また佐藤洋一郎氏は、日本に中国の水田稲作が伝来したのは、朝鮮半島経由ではなく、それ以前に中国から海路で直接日本に伝来した可能性があることを指摘している。

いずれにしても、陸稲については縄文時代にはすでに畑作で栽培が始まっており、雑穀も縄文時代から栽培が開始されていた。しかし、福岡県の板付などで水田稲作が始まったのは、かつては紀元前三〇〇年前後とされ、弥生時代は紀元三〇〇年頃まで六〇〇年ほど続いたというのが通説であった。その後福岡県の板付付近で次々にもっと古い時代の水田耕作跡が発見され、国立歴史民俗博物館が炭素C14の年代の再調査をしたところ、水田稲作が始まったのは紀元前一〇世紀まで遡ることが確実となり、研究者の論争の末に今から三〇〇〇年前に水田耕作が始まったということに通説が変更された。

こうして、弥生時代の開始は、二一世紀になって約六〇〇年と大幅に遡ることになり、他方中国の華北から朝鮮半島経由で日本に流入したとされる金属器（青銅器と鉄器）は従来通り、紀元前三〇〇年頃に日本に流入したと据え置かれた。同時に、水田稲作は、金属器の普及で農具が木製や石器の製造品から金属製へ大幅に革新がはかられた。

土器についていえば、最初につくられた福岡県遠賀《おんが》川流域の遠賀川式土器は、弥生時代に北九州から日本本土の各地に普及し、他方、東大本郷の農学部（弥生門付近）で出土した土器の名前をとって第二次大戦前から「弥生式土器の時代」と命名されていたので、一九五〇年頃から「弥生時代」と呼ばれるようになった（「縄文時代」の呼称とほぼ同時期）。

しかし、時代名は縄文時代から弥生時代に変わっても、全国一斉に水田稲作が開始されたわけではなく、稲作は、九州北部から中国・四国地方、関西、東海、さらには関東、東北と数百年から一〇〇〇年近くの年月をかけて東進していった。つまり、列島内でも縄文時代の様式のままで暮らしている地方と、稲作に切り替えて弥生時代に入った地方が共存していた。縄文時代の陸稲や穀類の作付け、収穫に慣れていた農民は、すぐに水田稲作を取り入れたわけではなく、従来の農業の刷新をはかるには長い時間がかかった。関西まで行くのに三〇〇～四〇〇年、さらに関東から東北まで普及するにはまた五〇〇年近くかかったといわれている。アイヌ人が多数いた北海道には稲作は伝わらず、沖縄に水田稲作が伝わったのも、弥生時代当初より二〇〇〇年後のグスク時代（中世）だったといわれている。

その理由は、当時の日本列島人が水田稲作で人口増となり戦争が増えるのを嫌ったという説（関裕二氏）もあるが、狩猟採集の他、すでにアワやキビ、ヒエ、ソバなどの雑穀を栽培・収穫していた農民が、種まき、灌漑などで手間のかかる割に収穫量が急速に増えにくい水田稲作の必要性をすぐには理解できなかったからではないだろうか。実際、日本の焼け畑や畑作農業の研究をしていた佐々木高明教授は、奈良時代から相当後の時代まで、租税として国家に収めるのにイネとアワは、ほぼ同じ比率（価格）にされていて、その後アワの価値は下がったものの、コメが公的な取引の中心となるのは江戸時代中期としている。

こうして、水田稲作が極めて長い年月をかけて東海から関東、東北地方に伝わっていたこととも関連して、研究者の中には、弥生時代の前半は縄文時代から弥生時代への移行期とするべ

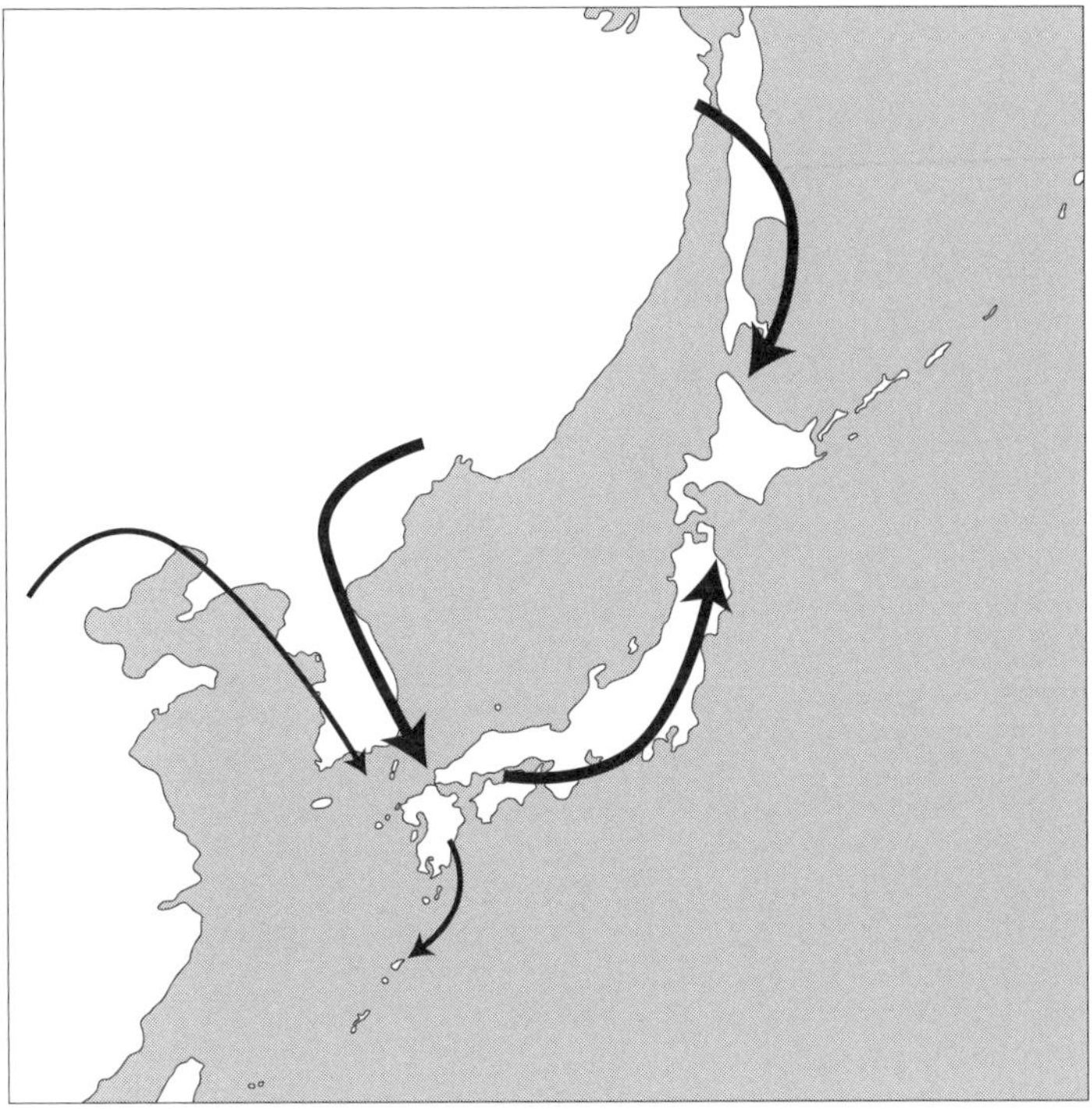

弥生時代の大陸から日本への人の渡来

きだとか、「縄文的弥生時代」、「新石器弥生時代」と呼んだ方がよいなどという、弥生時代という時代区分への異論も出ている。

　では、弥生時代になって中国大陸や朝鮮半島からの渡来人の数は、急速に増えていったのか。これには諸説あるが、弥生人が縄文人にとって替わったという置換説は分子人類学からみても採用しがたく、だいぶ形質の異なる渡来人が大陸や朝鮮半島からやってきて縄文人と混血したという混血説の方に軍配が上がるようである。逆に日本列島と朝鮮半島は国境のない時代であったから、縄文・弥生時代は列島の文化が半島に相当渡海していた。

縄文人と現代人のミトコンドリアDNAを比較してみると、縄文人のハプログループはM7aとN9bなどを中心にした比較的単純なものであるのに対して、現代人のハプログループはD4aが加わるなど多様になっている。その多くは、日本の歴史には他に大量の渡来人がやってきた時代はないから、弥生時代から古墳・飛鳥時代にかけての渡来人の影響とみてよいだろう。弥生時代は稲作の東進は遅かったが、DNAはかなり多様化し、東北ではN9bは減っていった。つまり、混血は相当進んだが、置換というほどの大変化ではなかったようである。

M7aとN9bは、列島の広範囲に古い時期から分布した日本人の基層集団であるが、ある地域に新興集団が移住してきて勢力が拡張すると、基層集団は周辺部に追いやられて残ることになる。したがって、沖縄や東北は周辺部であり、南北双方に追いやられた。

大陸と半島から稲作のためにやってきた渡来人は、埴原和郎・元東大教授が「一〇〇万人渡来説」を出したことから、日本の学界では大きい論議になったが、二一世紀になって弥生時代の始まりが約六〇〇年早期になったことで、渡来人の渡来のペースが従来考えられていたよりずっとゆるやかで、むしろ少グループの渡来人がりレー式に稲作を日本人に伝えたのではないかという見方が有力になっている。それと、渡来人は古墳時代以降、飛鳥時代、奈良時代などにも相当多数日本に渡来しているので、もっと長期的に詳しく調べてみる必要があるのではないかという意見も強くなっている。

他方、Y染色体についてみると、現代日本人には、日本列島の三地域（本土と北海道、琉球）にC3、D系統などの独自のハプログループはかなりの比率で残っているが、弥生時代にO系統のハプログループが一番多数になる変化が出ているので、中国大陸、朝鮮半島からの影響が大きかったとの見方が強い。大陸や半島では、いまでもO1、O2、O3などO系統のY染色体が圧倒的に多数を占めている。

しかし、Y染色体の面からだけでなく、言語の面でも、日本語は大陸・半島の言語と大きく異なるので、水田稲作導入のために移民がやってきたが、渡来人が言語面で日本人を圧倒したというわけではなく、彼らが在来人に同化した面が強いとされている。

日本人のハプログループO系統について、国立科学博物館の篠田謙一館長は次のように書いている。

「ハプログループOは、日本人の男性人口の約半数を占める最大のグループです。このグループは二〇以上のサブグループに細分化されていますが、日本列島に分布するのは、O1b2とO2と呼ばれる系統です。日本人を対象としたいくつかの調査がありますが、いずれも人口比でO1b2は三〇～四〇％、O2は二〇～三〇％を占めると報告されています。ハプログループOの分布は、東アジアやオセアニアの全域に広がっていますが、日本に分布するサブグループの分布に限ってみると、O1b2が朝鮮半島や華北地域に多く分布しているのに対し、

O2は華北や華南に広がっているようです」（『新版　日本人になった祖先たち』）

Y染色体のハプログループCは、一〇種類程度のサブグループがあるが、そのうち日本にあるのはC1aとC3の系統で、他は東アジア、オセアニア、オーストラリア、シベリア、それに南北アメリカ大陸に広く分布している。ハプログループDでは6つのサブグループが報告されているが、日本人が持つのはD2と呼ばれる縄文時代からのサブグループで、日本人男性の三〇〜四〇％を占めている。長い年月が過ぎても、外国人の侵略や統治によるDNAの大きな変化はなく、縄文時代の日本人の独特のDNAがずっと受け継がれているわけである。ハプログループNとQは、日本人の比率はごく少ない。

日本人のY染色体DNAハプログループをみると、縄文時代にD系統、C系統が圧倒的に多く、弥生時代になると、大陸や半島からの渡来民が多く流入したこともあって、一番多いのはO系統に替わる。しかし、D系統、C系統も一定の比率を保っていて、O系統、D系統、C系統の順に替わる。

現代の日本人男性に調査をすると、O系統、D系統、C系統の男性の合計で九〇％を占めるが、この三者は、C系統、D・E系統、FR系統（O系統を含む）というY染色体の三大グループの全部を含んでいることになる。弥生時代以降に日本では、Y染色体のグループが丸ごと一つ消えるような政治的社会的な大きい変化は起こっていないので、基本的に弥生時代のY染色体の構造は現代まで引き継がれているとみてよい。いずれにせよ、縄文時代から弥生時代への変化は、大きい争いなどは伴わない緩やかなものであったであろう。

ところが、全世界を見渡しても、三大マクログループのY染色体がすべて揃って現代まで残っている国や地方は他に存在しないといわれる。これは、日本の大きい特徴であり、中国のようにO3、O2系統だけでほとんどすべての男性を網羅している国と比べればその違いは明白である。つまり、日本は多様なY染色体の構造を二〇〇〇年にわたって維持している珍しい国であり、ある意味では大陸に隣接した国でありながら、海洋に囲まれていたこともあり（江戸時代は鎖国の時代）、DNAでみれば、長期間平和を維持できた誇るべき国であったということができるであろう。

東大の埴原和郎元教授、山口敏元教授らは、先史時代について「二重構造モデル」を提起して、人骨の形質から日本列島に旧石器時代から縄文時代にかけてやってきた人びとは東南アジア人の子孫であるが、弥生時代には北東アジアに居住していた系統の子孫が渡来して水田耕作農業を導入し縄文人の祖先と混血した、これが現在日本列島に居住している住民の多数派である、と主張した。この説が最近まで日本の学界の通説になっていたが、最近では分子人類学の研究者らから、東南アジア起源説、北方起源説の双方に対して遺伝学的な根拠が希薄だとの批判が出されている。

国立遺伝学研究所の斎藤成也教授は、これについて、埴原和郎元教授は大陸からの弥生時代以降の渡来人を八世紀までと考えているようだが、平安時代以降も連綿と大陸からの渡来はあったのではないか、現在日本における国際結婚は全婚姻の五％に達しているが、そのうちのかなりの部分が韓国や中国の人びととの婚姻である、として、現在の渡来人は東京、横浜、名古屋、大阪、博多といった大都市であることを強調し、日本列島中央部は博多から東京まで伸びる「中央構造線」とその周辺部に分けて考えるべきだという説を「うちなる二重構造」という名で提起している。そして、この「うちなる二重構造」からみると、作家の松本清張が推理小説『砂の器』で描いた、出雲と東北の方言の近縁性は十分遺伝学的にも通用するものであると指摘している。

他方、元徳島大学教授の中堀豊氏は、こんな指摘をしている。

「日本の男性は大陸の落ちこぼれである。一度目の落ちこぼれである縄文人と、二度目の落ちこぼれである弥生人が、互いに滅ぼしてしまうことなく、共存したのが現在の日本の男性である。まさに、窓際族同士仲良く机を並べて、極東の小島で自然の恵みを享受し、自然に従って生きてきた。互いの言葉を融合させせてしまった」(『Y染色体からみた日本人』)。

第二節　階級社会の成立と戦争、金属器の普及

弥生時代の水田稲作農耕の開始は、全国で地域差が大きく、ペースが遅かったとはいえ、西

から東に普及していく間に、収穫量が増え、人口の増加も伴っていった。そして、温帯と熱帯のジャポニカ種のイネの普及は、現代でもインディカ種と並ぶ世界の稲作を代表する品種とされ、次第に在来の陸稲や雑穀の生産を凌ぐようになっていった。

しかし、これは世界の「農業革命」と軌を一にしたもので、生産高の増加に伴って、水田の水争いや農民同士の土地争いを伴うようになり、あちこちで戦闘が起こるようになった。つまり、灌漑水田の構造そのものが共同労働と指揮監督、渇水時の危機管理などで必然的に首長とその一族、従属農耕民の格差を生み出し、階級社会を招くに至ったのである。縄文時代にも個人的な怨恨に伴う争いや喧嘩はあったものの、それは小規模でいわば偶発的なものであったが、弥生時代になると本格的な戦闘、あるいは戦争を伴うようになった。その時代の多くのムラには防衛のための砦や堀、柵が築かれたり、対人殺傷用の武器が用意されたりして、佐賀県吉野ヶ里の環濠集落のように大規模な防衛施設を築いたものも各地でみられるようになった。

それと、実際に戦闘によって、遺骨に弓矢が刺さったり遺骸に大きいヤジリの傷がついたりしたものが弥生時代の遺跡から発掘されることはめずらしくなくなっている。

例えば、水田耕作が始まった一〇〇〇年後、紀元前九世紀半ばのものとして、福岡県糸島市新町遺跡からは、左大腿骨に長さ一六センチの朝鮮系磨製石器の鍬が突き刺さったまま亡くなった四〇代の男性の遺体が支石墓という朝鮮半島起源の墓から見つかっている。戦いの原因は水田耕作を行う上で必要不可欠の水や土地をめぐるものと考えられている（藤尾慎一郎・松木武彦『ここが変わる！　日本の考古学』）

紀元前三世紀には九州北部で鉄の素材をもとに弥生独自の鉄器をつくることが始まり、紀元後になると製鉄もおこなわれるようになった。

吉野ヶ里遺跡では二〇〇〇基近くの甕棺墓が発掘され、中から殺傷痕をもつ人骨が見つかるが、中には首がない全身骨もあるといわれる。縄文人は殺傷力のある武器をもたなかったが、弥生時代になると対人殺傷用の金属製の武器が登場する。

また、日本列島にはまだ文字のない時代であったが、中国の公的な歴史書には、弥生時代の日本の状況を示す記述が登場するようになる。漢の時代、その後の魏の時代の状況については、日本の諸国（地域集落）間で相互に戦闘がおこなわれていたことが記されている。

『漢書地理志』は「楽浪海中倭人あり。分かれて百余国を為す。歳時を以って来たり献上す、と云う」と記述しているし、志賀島では、「漢倭奴國王」と書かれた金印が江戸時代に農民によって発見されている。また三世紀の『魏志倭人伝』によれば、漢の時代に一〇〇ヵ国だった倭の国は三〇ヵ国に減って互いに戦闘をしているので、女王卑弥呼がそれらの国の委託を受けて統治したことが書かれている。これは当時の同時代史の記述であり、日本の三世紀後半（弥生時代末期）の様子を描いたものとされている。この時代のことを書いた故・古田武彦教授の著書では、朝鮮での任那の日本府、広開土王の碑、白村江の戦い、出雲の人びとの活躍、神武天皇の東征、女王卑弥呼と卑弥呼の死後の台与の統治、邪馬台国の状況などが詳しく書かれているが、中国、朝鮮の歴史書の記述を元にしつつ、日本の考古学の資料を用いて、古代の歴史がかなり鮮明にわかるように書かれている。

この時代に、金属器の武器が大量にあったのは、日本列島では博多を中心とした北九州であり（他に出雲でも大量の武器が発見されている）、ヤマト（奈良）の一帯では、銅鐸、銅鏡を中心とする文化が開花したとされている。

国立歴史民俗博物館の松木武彦教授（考古学）は、著書『人はなぜ戦うのか』の中で、「列島最古の武器は朝鮮半島からやってきた」としてこう書いている。

「いま確認できる列島最古の武器は、実はかれらの遺跡から出ている。ホルンフェルスとよばれる目の細かい堆積岩を磨きだしてつくった短剣矢ジリだ。これらの武器は朝鮮半島の南部で使われていたものと同じで、朝鮮系の磨製石剣、磨製石鏃とよばれている。武器は稲作の文化と一緒に朝鮮半島から日本に現れたのだ」

「一～三世紀といえば、もっとも早くから鉄器が広まり始めていた九州北部を含め、それ以外の列島各地にも鉄器が行き渡り石器と交替していく時期に当たっている。この間、鉄の需要は着実に増えていったが、今のところそれを満たすほどの鉄生産が列島内で行われていた形跡は確かではない。通説通り、この段階の鉄器素材の多くは、列島の外部からもたらされたと考えていいだろう。……朝鮮半島の南部だった」

他方、国立歴史民俗博物館の藤尾慎一郎教授は、弥生時代に金属器が現れた時期について次

弥生時代の銅鐸
（国立歴史民俗博物館）

のように書いている。

「弥生人が鍛冶や脱炭などの過熱技術を伴う高度な技術を駆使して鉄器を作り始めるのは、朝鮮半島では鉄精錬が始まる前三世紀以降である。九州北部では前二～前一世紀ごろには、鉄器が利器の中心となり、紀元後には西日本にも次第に鉄器化が進んでいく」

「同じ金属器である青銅器は鉄器より四〇〇年ほど早い前八世紀に現れている」

「このように弥生時代の金属器は、水田耕作をはじめて約六〇〇〇年間の石器時代を経た後、前四世紀前半に利器としての鉄器が、中頃には祭器としての青銅器が出現し始める。祭器、楽器としての銅鐸《どうたく》はその典型である。東アジアの金属器文化の特質を弥生時代が引き継ぐことになる」

「弥生文化は、六〇〇〇年余りの石器時代、二〇〇〇年余りの金石併用期を経て、前二世紀（中期後半）の九州北部を皮切りに初期鉄器時代へと突入するのである」（『新」弥生時代――五〇〇年早かった水田耕作』）。

同時に藤尾教授は、東北北部、人口増加率についてこんな指摘もしている。

「東北北部から九州南部までの水田耕作民は一度始めた水田耕作をやめることはなかったが、東北北部では三〇〇年続けた水田耕作を放棄して前一世紀に再び採集狩猟生活に戻っている」
「人口増加率は、これまでより〇・五％ほど低い〇・七〜〇・八％程度であった。（世界の〇・一〜〇・二％よりはるかに高い）」（前掲書）

他方、先史時代の研究家である寺前直人教授（駒沢大学）は、著書『文明に抗した弥生の人びと』の中で、金属器の普及について次のように解説している。

「金属器を鉱石からうみだすという行為は、紀元前三五〇〇年頃中東地方で始まったと考えられている。必要なのは鉱石から金属を精錬するのに必要な火力をうみだし、コントロールする工学的な技術と知識、有用な鉱物や燃料を選び組み合わせる化学的な知識である。これをまとめて冶金術ともいう」
「弥生時代中期以降の日本列島は、この冶金術とその成果である金属器をめぐって、新しい社会関係が形成され始めた時代である」

国立遺伝学研究所の斎藤成也教授は、弥生時代は博多に政治の中心地があったことから、ハカタ時代と記しているが、古田武彦元教授のように「北九州王朝説」に立てば「なるほど」と言ってよい命名の仕方である（ただ、邪馬台国の首都はどこか、博多か奈良かの論争は江戸時代以来現在まで長期間続いている）。

第三節　琉球列島集団、北海道集団の成立と弥生時代

日本列島集団のうち、本土集団（縄文時代以前には瀬戸内海はなく、本州、四国、九州は陸続きの本州島だった）の旧石器時代から縄文、弥生時代までの歴史は以上の通りであったが、琉球列島と北海道の歴史については、独自の歩みをしている点が多いので、以下に略述して置きたい。

琉球列島集団について

琉球列島集団については、その範囲は、奄美大島（行政区は鹿児島県）から沖縄本島一帯の島々、先島諸島まで南北に長細い領海と島々から成っているが、その歴史は列島本土と異なるところが大きい。本土で後期旧石器時代については遺骨が出ずに、縄文・弥生時代については相当多くの遺骨が発見され、ＤＮＡ解析もおこなわれているのに対し、琉球列島では後期旧石器時代の遺骨は相当多く発見され、ＤＮＡ解析もいくつかの遺跡でおこなわれている。しかし、その後については、本土の縄文時代にあたる貝塚時代前期と本土の弥生～平安時代にあたる貝塚時代後期、本土の中世にあたるグスク時代については、あまり遺跡はでておらず、形質人類学も分子人類学も進展はみられないのが特徴である。沖縄の貝塚時代前期の形質は本土の

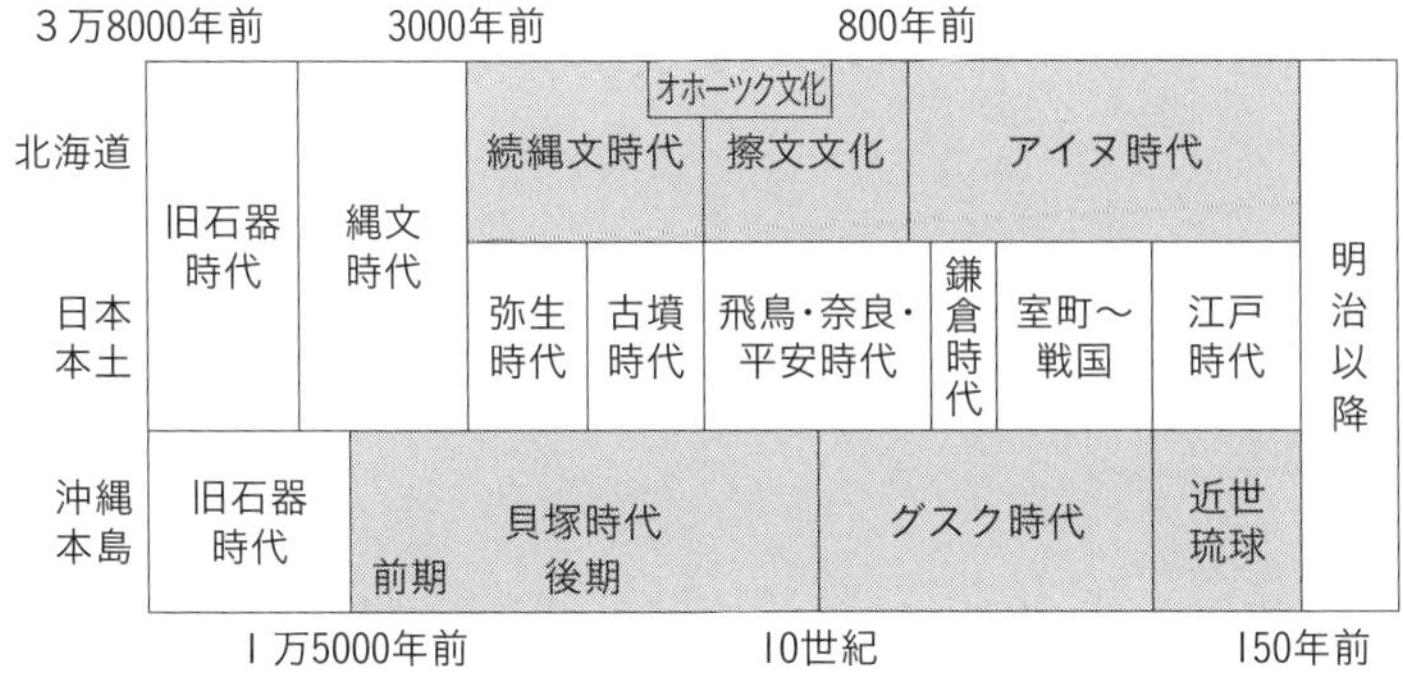

日本列島の３地域の文化年表

縄文人とは異なると主張する研究者も多いが、ミトコンドリアＤＮＡについては九州の縄文人とあまり変わっていない。先島諸島の文化は、縄文時代にはフィリピンや台湾と似ているところが多いが、ヒトのＤＮＡは縄文人と近い。琉球諸島へのヒトの流入は主として日本本土からとされており、古い時代は中国との繋がりはほとんどみられない。

　このように見てくると、全体としてＤＮＡや言語は本土と基本的に違っていないが、一万年近く前の琉球人の遺骨やＤＮＡの調査ができていないこともあり、旧石器時代に住んでいた琉球人は一旦絶滅し、断絶があるのではないかという説が有力である。

　分子人類学者のＤＮＡ調査では、縄文時代（貝塚時代前期）については、Ｍ７ａとＮ９ｂがほとんどだが、弥生時代〜平安時代（貝塚時代後期）までは本土由来の新たなＤＮＡが現れるようになる。奄美大島の考古学の調査では、グスク時代初頭に本土人の流入が相当あったようで、形質人類学や言語学の研究者はこの説を支持している。縄文時代以降の九州との交通途絶は、七三〇〇年前の鬼界カルデラの大噴火が原因とみられている。

琉球諸島の貝塚人は、先島諸島にも進出したとされるが、台湾その他との関係については調べがついていない。貝塚時代後期になると本土と琉球との交流は再開され、グスク時代初めからの南九州農民の大規模な流入につながる。いずれにしても、現代の琉球人のゲノムには縄文人に由来するものが三〇％残っており、このことは、長い年月の交流の空白にもかかわらず、本土との関係が途絶えず続いていたことを示している。言語についても、言語学者のほとんどが、琉球語は日本語の方言であるとの説を支持している。

沖縄の考古学・人類学が専門の高宮広土教授は、著書『奇跡の島々の先史学』で「なぜ貝塚時代後期人は、農耕へ飛びつかなかった、あるいは拒んだのでしょう」として、次のように答えている。

「その理由はおそらく、奄美・沖縄諸島の自然環境が『豊か』であり、そのために自信をもって農耕を拒んだのでしょう。農耕を受け入れなくても十分に生活できる自然資源があったことの裏返しです。多くの点で狩猟採集がほうが『楽』であったという研究結果が発表されています。『あんな面倒くさいの』という答え」

「琉球方言は、日本祖語から八世紀以前に分岐したであろうとのことです。これは従来の言語学の結論を支持するものです。つぎに琉球方言と日本祖語は八世紀以前に分岐したけれども、前者が奄美諸島に到達したのは一〇世紀から一二世紀ころであろうということです」

北海道集団について

琉球列島と違って、北海道については形質的にもDNAについても、縄文時代から江戸時代に至るまで継続して調べがついている。水田稲作伝来がなかった北海道では、縄文時代の次は続縄文時代であり、その後擦文時代を経て、一三世紀にアイヌ文化が成立するとされている。五世紀から一〇世紀ころまで道東から道北のオホーツク海沿岸では沿海州に起源をもつオホーツク文化が栄えた。

近年の北海道の縄文人とオホーツク文化人、アイヌ人のミトコンドリアDNAの分析では、アイヌ人は単に北海道の縄文人の子孫というのではなく、オホーツク文化人の遺伝的影響を強く受けていることがわかっている。したがって、アイヌ人は、縄文人を基礎にしているけれども、オホーツク文化人の遺伝子を受け継いで成立したと考えられている。また、アイヌ人は、沿海州の遺伝子に加えて、日本本土人（和人）との混血も進んでいることが明らかになっている。同時に、現代のアイヌ人は縄文人のゲノムを七〇％もっていることも判明している。北海道の先住民形成史を考える場合は、日本列島だけでなく、周辺の沿海州やサハリンなど他の地域の人々のゲノムを含めた複雑な面を考慮する必要がある。

かつては、アイヌ人については、欧州起源説がヨーロッパ人などから出されたこともあったが、明治以来の調査でそうした説は「アイヌ人はトルストイに似ている」という程度の単純なもので、DNAなどの根拠はないことが明らかになっている。

なお、北海道については、縄文時代のあとに、水田稲作の行われる弥生時代が来なかったので、弥生時代、古墳時代という時代区分はなく、続縄文時代という時代区分名がつけられている。この時代は、漁業で、道央ではサケ・マス、道南でヒラメ、道東でメカジキなどが大量に捕獲できたのが大きい特徴とされている。

こうして、琉球列島集団と北海道集団について、本土集団とは異なった独自の成立の歴史と特徴があることを考えることは、日本列島人の形質とゲノムを考えるうえできわめて重要である。双方の集団とも日本列島の縄文人と密接な関係をもちながら、「日本民族は一つ」などと断定することとは無縁であることを示している。特に弥生時代については、日本列島に多数のゲノムを持った渡来人が来航してきたものの、直接的に大きい影響を与えたのは本島集団に限られ、南北の列島集団は間接的な影響はとも角、直接的な影響はほとんど受けていない。縄文人との関係については、北海道のアイヌ人、琉球人、本土集団の順につながりが深いとされている。

第四節　崎谷満氏の「縄文主義」と「長江文化神話」批判

京大医学部系の人類学研究者である崎谷満氏は、第二次大戦後に日本で一般化した縄文式文化という呼称から縄文時代、縄文人という呼称まで生じていること、またその類縁関係として日本語や文明的なものをすべて「弥生人」がもたらしたものとする「長江文明絶対主義」とでもいうべきものを、『新日本人の起源――神話からＤＮＡ科学へ』と題する著書で批判している。

崎谷氏は、縄文時代、縄文人という呼称について、「わずか一つの土器施文技術でしかなかった文化現象を、新石器時代全体を決定する最重要事項であるかのように誤って拡大解釈することは厳密さを欠く非科学的推論によるものである」「このような過度な一般化、拡大解釈を『縄文主義』と定義していいようである。その前提に『縄文文化は単一である』という神話、そして『縄文文化が日本文化である』という神話が伏在することを容易に指摘できる」として、これを「知性のデカダンス」「アナクロニズム」と厳しく批判している。

そして、「その類縁関係として、日本語や文明的なものはすべて『弥生人』がもたらしたものという『長江文明絶対主義』がある」と述べ、これらは、「従来『大和民族』が『日本民族単一神話』の温床となっていた」として批判している。

確かに、世界で共通の新石器時代という呼称は、日本人にとってなじみの薄い呼称であることが背景にあるにしても、「縄文式文化」から縄文時代、縄文人と厳密な吟味なしに拡大呼称していくことには抵抗がある人も多いであろう。また、水田稲作が中国発祥の文化であることは事実であるにしても、それを敷衍して中国文明美化、長江文明絶対主義とでもいうべきものも、現実とは遠く離れるもので首肯できない。それゆえ「弥生時代」、「弥生人」という呼称も同様に厳密さを欠く呼称である。すでに国民の間で定着した呼称を再吟味することは容易ではないが、先史時代の呼称については何らかの再検討が必要だろう。

コラム　アイヌ人と和人の戦いと近年の法的措置

〈コシャマインの戦い〉一四五七年（室町時代）
　同時期の出来事――コロンブスのアメリカ到達（一四九二年）
〈ヘナウケの戦い〉一六四三年（江戸時代）
　同時期の出来事――島原の乱（一六三七〜三八年）
〈シャクシャインの戦い〉一六六九年（江戸時代）
　同時期の出来事――幕藩体制の確立（一六四九年）
〈クナシリ・メナシの戦い〉一七八九年（江戸時代）
　同時期の出来事――アメリカ独立戦争始まる（一七七五年）
〈アイヌ民族を先住民族とすることを求める国会決議〉二〇〇八年

第四章　古墳時代から飛鳥時代へ

第一節　古墳時代の王権確立と人口増加

弥生時代の次の古墳時代がいつから始まり、いつまで続いたかについては諸説あって明確に確定しがたい。邪馬台国の女王卑弥呼と、その後継者の台与《とよ》が北九州を支配した時代（弥生時代末期）に古墳は造られ始めていたから、その時代を古墳時代初期とする研究者もあるが、大勢は、前方後円墳が全国に多数造られる紀元三〇〇年前後に古墳時代が開始され、六世紀末まで約三〇〇年続いたとしている。

この時代に倭の統一王朝である大和政権が作られ、中国、朝鮮に使者を送ったり、「倭の五王」が五世紀に中国に遣使・入貢したりしている。六世紀末には、中国、朝鮮から伝来した仏教の影響もあって火葬が普及し始め、次第に前方後円墳が造られなくなり、飛鳥時代（七世紀〜）と呼ばれるようになるが、ヤマト（奈良）に王朝があった時期は、古墳時代、飛鳥時代、奈良時代と続くので、ここでは古墳時代と飛鳥時代を一緒にして「ヤマト時代＝古墳・飛鳥時代」として扱うことにする。

古代史の研究者によっては、故・古田武彦教授のように、邪馬台国・卑弥呼の時代から大宝律令のできる八世紀初めまで北九州に王朝があったとして、「北九州王朝時代」としている学者もいる。また斎藤成也教授は、弥生時代から古墳時代初頭ころまでを「ハカタ時代」と呼び、そのあとを「ヤマト時代」と呼んでいる。

いつから倭国は歴史時代（有史時代）に入ったのかというと、邪馬台国の時代に中国の魏と交流があったのだから、漢字の読み書きができる者は女王・卑弥呼のもとにいたはずだという説や、前方後円墳が全国で造られ、倭の統一王朝が生まれ、仏教が中国や朝鮮（百済）経由で伝来し（五三八年）、倭の五王が中国南朝に遣使した時代（五世紀）はすでに漢字による書簡のやり取りをしており文字（漢字）が使用されていたという意味で「歴史時代」初期とする説、それに飛鳥時代になると天皇が遣隋使を派遣したり、大化の改新や白村江の戦い（七世紀）があるなど歴史時代とみなすにふさわしいとする説などがある。さらには、勅令により、日本で最初の国家編纂の歴史書である『日本書紀』ができたのは紀元七二〇年、その少し前の七一二年に太安万侶らにより『古事記』が編纂されるなど、奈良時代初頭には国の歴史が勅令によって相次いで編纂されているから、奈良時代初頭を本当の意味の歴史時代とする見方が有力であるようである。

考古学者の藤尾慎一郎教授は、著書の『日本の先史時代』で先史時代と歴史時代の区分について次のような表現をしている。

「私たち考古学者は、日本の歴史は旧石器時代から始まると考える。だが文献史の世界では、日本史のはじまりについてもう少し短く限定されている。

文献史では、飛鳥以降は歴史時代（history）と呼ぶのに対して、それより前は原史時代（protohistory）、さらに前を先史時代（prehistory）と呼ぶ。直訳すると、先史時代も原始時代も『歴史の前』、つまり『歴史ではない』ということだ」

「歴史の『史』とは文字で記された歴史を意味するので、歴史時代とは文書が存在する時代のことを言う。日本でもっとも古く確実とされている文書は「記」「紀」とよばれる、八世紀に編まれた古事記や日本書紀である。従来の文献史の世界では飛鳥時代以前に歴史はないということにされていた」

「文献史で言う原史時代とは、その時代に文献や伝承が部分的には存在したが、それだけではその時代のことを十分に説明することができない時代のことを指す」

「最近では、狭義の先史時代と原史時代を合わせて『先史時代』とよぶことが増えている」

「『原始』は野蛮、未開という意味を持つ primitive の訳語で歴史用語ではなく、注意が必要だ」

古墳時代は、三世紀後半が過渡期となって六世紀末まで約三〇〇年続くが、方形周溝墓を皮切りに三世紀後半に前方後円墳が定型化し、奈良、大阪などに大規模なものが出現するが、鏡や刀剣、勾玉、土器などの副葬品にも特徴のあるものが多い。中でも鏡は、①一〜二世紀のも

三角縁神獣鏡（東京国立博物館展示）

のは主として九州北部で漢鏡が副葬されているものが出土する、②三世紀前半になると九州以外の地域でも単面の中国の鏡が出土する、③その後、前方後円墳で三角縁神獣鏡が多く出土するようになる、と変化していく。三角縁神獣鏡は、重さや大きさも大きいが、日本で製作されたものも多いとみられている。

前方後円墳の副葬品では、銅鏡のほかに、鉄剣・銅剣や埴輪などがあり、中には、剣に漢字で銘文が書かれてあるものも発掘されることがある。

古墳時代は、庶民の生活でいえば、相変わらず、中国大陸や朝鮮半島からたくさんの渡来人がやってきた時代であった。古代史家の上田正昭著『帰化人』によれば、古墳時代に渡来の波が高まった時期は三回あり、最初の波は大和王権の支配が軌道に乗った五世紀前後で渡来者の多くは朝鮮半島からだった。第二回目は五世紀の後半から六世紀初頭で、さらに渡来の波は高まった。第三に渡来の波が頂点に達したのは、朝鮮半島で百済と高句麗が政治危機に陥った七世紀後半で、唐と新羅によって六六三年に百済、六六八年に高句麗が滅ぼされると、王族や貴族、官吏を含めて五〇〇〇人以上が倭に亡命してきたとされている。

平安時代中期に編纂された『新撰姓氏録』によると、畿内に在住する氏族の約三割が渡来氏族で、比較的地位の高いものが多かったといわれる。渡来人は畿内だけでなく全国各地に及び、北九州や吉備にも多数の一般庶民の渡来人が住むようになった。北部九州や関東などの人口が多い地域は比較的身分の高い渡来人が住んだが、「化外の地」といわれる大和政権の支配の及ばなかった地域には一般庶民の渡来人が多く住んだようである。

古墳時代の埴輪
（東京国立博物館展示）

それと、陶製土器の土師器《はじき》、須恵器《すえき》が普及し、縄文時代や弥生時代の土器とはかなり様変わりしたものが使用されるようになった。須恵器、土師器は、主として朝鮮からの渡来人が、日本でロクロを使って制作した硬質、青灰色などの陶製土器であり、古墳時代から平安時代頃まで製作された。

また、縄文と弥生の時代は、煮炊きをするのに日本全国で炉が使われていたが、渡来人がカマドをもたらし、古墳時代の中頃になると、竪穴住居の壁にカマドを取り付ける習慣が西日本を中心に広まったとされる。古墳時代は、水田稲作が弥生時代に次いでさらに北に広がった時代で、アワ、キビなどと並んで、米を食べる住民が増えた時代であった。

人口は、渡来人の来訪もあってかなり急速に増えていったが、年平均の増加率はさほど多くなく、縄文時代末期に約一〇数万人とされていた全人口は、弥生時代末期には六〇万人、古墳時代の末には五〇〇万人と急激に増えている（山口敏・元東大教授）。これは、縄文時代末期に減少していた人口が急激に増えたというより、弥生時代に増えた分に加えて、渡来人やその末裔の数が古墳時代を通じて増えたため、長期的にみると水田稲作が広がり、人口の大きい増加となったものと見られる。

ただ、考古学者は、古墳時代にも多数の渡来人があったと推定しているが、人類学者はこれを正確に把握できておらず、遺伝学的なＤＮＡでの検証はあまり出きていない。今後古墳やその周辺に埋葬されている者を含めてゲノムの解析が進むことが期待される。

また、かつては日本の製鉄開始は弥生時代というのが通説だったが、最古の製鉄炉がでてくるのは六世紀第三・四半期なので、実際に製鉄が日本で開始されたのは古墳時代中後期という説が最近は有力になっている（二〇一九年、藤尾慎一郎・松木武彦）

もう一つ、古墳時代は、畿内や西日本を中心に大きい古墳が多く造られたことが象徴しているように、身分格差が一段と進み、奴隷制度も並行して進行したことは想像に難くない。

第二節　飛鳥時代の変化

飛鳥時代になると、仏教の影響で、火葬が普及するようになり、それに伴って大化の時代（七世紀半ば）に薄葬令がだされ、大規模な前方後円墳は造られなくなった。火葬は、七世紀に中国に留学した僧侶の道昭が中国の高僧玄奘らから得た仏教の教えや経典を日本に持ち帰り、道昭自身が火葬されるとともに、天武天皇の皇后の持統天皇も進んで火葬されることを選択し、奈良時代の初めになると土葬に交じって火葬が官人など各層にも普及した。

飛鳥時代には、天智天皇らは、大化の改新（六四五年）に続いて、九州から白村江の戦い（六六三年）に向けて、多数の船と戦闘員を朝鮮半島に送り出し、白村江での大敗後は百済、高句麗の官人、文筆家らを多数渡来人・亡命者として迎え入れている。白村江での敗北は、古代における倭国（天智帝）にとって最大の試練となるものであった。倭国は、派遣した大軍を失い、唐と新羅の連合軍の追撃に備えて、志賀の都（滋賀県）に遷都するとともに、対馬から大宰府、瀬戸内海沿岸などに防備の堡塁や城を築いた。唐は、二〇〇〇人の武装した使節団を二度にわたって倭国に送り込み、威嚇によって戦後処理を進めようとした。しかし、戦いで勝利した唐と新羅の政権の間で対立が生じ、唐は、敗戦国日本に「制裁」を加える余裕はなく、百済と高句麗の滅亡後、唐自身も新羅によって朝鮮半島から駆逐されることになった。

その直後に、壬申の乱（六七二年）で天武天皇が東国（中部地方）の武装勢力の支援を受けて、大友皇子（天智天皇の息子）らに勝利し、一旦滋賀県に遷都していた都をまた奈良に戻す措置がとられた。そして、天武天皇は、国名を倭国から「日本」に変更するとともに、歴史編纂事業に取り組むことを思い立った。舎人親王、太安万侶、稗田阿礼らに『古事記』の編纂を命じるとともに、正史である『日本書紀』編纂も周囲に命じた。『日本書紀』は全文を漢文で書いた日本で最初の正史であった。編纂の途中、『古事記』は長らくお蔵入りにされ、『日本書紀』が藤原不比等らを中心にして仕上げられ、七二〇年に完成された。『日本書紀』は、天皇家と藤原一族を美化し、「天孫降臨」「聖徳太子」など、多くの歴史の偽造が行われ、奈良時代以降、日本書紀の学習を官民に押し付け、天皇家と共に藤原氏一族の統治が後世まで続く基礎を築いた。

これに先立って紀元七〇一年には大宝律令が制定され、七一〇年には奈良の都（平城京）に遷都して倭国（日本）は中国と同様な律令国家（法治国家）となった。

ここで、飛鳥時代末期の天武天皇の治世について一言しておくと、国名が従来の倭国から「日本」に変えられ、従来「おおきみ（大王）」と呼ばれてきた最高統治者を「天皇」の名で呼ぶようになった。また、天武天皇の治世で準備された律令政治と都の遷都などが次々に実施され、急速に歴史時代（律令国家）へと突入していくことになった。

コラム　太安万侶の墓

日本最古の公的歴史書である『古事記』の筆録・編纂者である太安万侶の墓地が一九七九年に奈良県此瀬町の茶畑で発見された。今から一二〇〇年以上前の墓碑銘に日付の入った墓が発見されたのは日本では最古である。それによると、発掘されたのは焼骨と真珠、墓碑銘、しっくい片、木炭など段ボール一つほどで、墓碑銘には、氏名と住所、官位、死亡年月日などが簡潔に書いてある。遺骨は四〇～六〇歳の人骨と判定された。死亡したのは養老七年（七二三年）。

世界的にみれば、中国の被葬者やエジプトのピラミッドなどで、もっとずっと古い、氏名や身分のわかった墓はたくさん発掘されているが、その家系が今日まで伝わっている人の墓は他に類がないとわれる。

第五章　日本の歴史時代を縦断する

第一節　歴史時代の日本の「革命」

第二部第四章まででは、日本の先史時代から歴史時代の入り口にかけて、後期旧石器時代、縄文時代、弥生時代、そして古墳・飛鳥時代と順番に述べ、その特徴をデッサンしてきた。そして、古墳・飛鳥時代は歴史時代の入り口であり、東アジアの先進国である中国との交流が正式に始まったその時代は、日本では一部の漢字のわかる層だけが中国・朝鮮との交流、交易にタッチしていた。しかし、日本列島全体としては、まだ漢字のわかる層はごくわずかで、仮名の発明も後の時代（平安時代）になるから、先史時代から歴史時代への過渡的時代であった。

実際、細切れに歴史の時代区分が変わった古墳時代→飛鳥時代→奈良時代は、分子人類学者からみても、DNAの解析は、きちんと歴史を区分して確認するのは困難な時代のようである。なぜなら、解析しようとする対象（ヒトや遺物）がどの時代に属するか炭素C14の年代測定だけでは区分がしにくいし、日本の酸性土壌は骨そのものを溶かしてしまって、遺骨を見つけミトコンドリアDNA、Y染色体DNAを抽出するのは至難のわざであったからである。例えば、太安万侶のように歴史上で名の知れた人物の墓で遺骨が見つかり、DNA解析ができるなら年代測定は比較的容易だが、氏名も生年・没年も不明な人物の遺骨を見つけだし、DNAの分析をしたとしても正確な時代区分と年代測定は困難である。

そうしたことを承知の上であえて記述すると、日本本土の歴史的時代は、奈良時代のあとは、平安時代→鎌倉時代→室町時代→江戸時代、そして明治、大正、昭和、平成、令和の時代と細切れに続くことになる。歴史時代が明確であれば、例えば、鎌倉時代の鎌倉付近の特定の墓地の遺骨を調べたり、DNA鑑定をしたりすることはそれほど難しくはないであろう。今後もそうした調査やゲノム解析は継続・強化する必要があるだろう。

そこでまず、世界で起こった革命的変化（第一部第四章で述べた）に対応する日本での人類社会の革命的変化はどんなものがあったか振り返っておきたい。

第一は「認知革命」については諸説があって記述困難だが、「農業革命」については、縄文時代が予備段階で、弥生時代の「水田稲作の開始」が農業革命に相当するであろう。縄文時代には、一部ではすでに雑穀や陸稲の栽培、ダイズ、アズキやイモ類などの栽培と農地の耕作（圃耕）は始まっていたことは事実だから、一万年以上の長期間続いた時代だけにもっと明確に解明すべき課題といえよう。

これから多くの学者が縄文時代の農耕について調査すれば、稲作、雑穀の栽培・収穫なども予想外に早くから進展しており、中国大陸、朝鮮半島との交流はかなり早くから進んでいたことが判明するかもしれない。日本の人口が縄文時代の最大時で三〇万人弱と非常に少なかったことは調査資料が集まるか懸念もあるが、世界で「農業革命」が進行している中で、日本だけ例外で一万年以上も世界の趨勢に遅れることは考えにくい気がする。

第二は、歴史時代に入ってからの科学革命である。ヨーロッパではルネサンスのしばらく後の時代――すなわち、今から五〇〇年ほど前に科学革命が起こっていた。天文、物理、化学、生物学などでキリスト教の厳しい統制の中でも科学は長足の進歩をとげ、地理上の発見や産業革命の基盤を築いていった。中国大陸からみて東南海の孤島である日本ではヨーロッパと同様のスピードで科学革命がおこなわれることはなかったが、一七世紀初頭から二百数十年にわたって（鎖国の中で）平和の時代が続いた江戸時代には、かなり科学は進歩していたようだ。和算の進展をはかった関孝和や国語学を発展させた本居宣長、日本地図を測量・編纂した伊能忠敬など相当の傑出した人がいた。しかし、ヨーロッパに追いつくような科学的発見をしたのは北里柴三郎、野口英世、牧野富太郎ら明治以降の科学者の活躍した時代であり、ヨーロッパに約二〇〇年遅れたことは否めない。第二次大戦後になって、自然科学系のノーベル賞をもらった日本の科学者が二〇人以上に達したことで、近来は自然科学の面では欧米にかなり追いついてきた感もある。

第三に、日本で産業革命がおこなわれたのは、明治二〇～三〇年代の日清戦争、日露戦争の頃で、繊維工業から重工業の順に発展したのは今から一〇〇年以上前である。これも英仏などヨーロッパに比べるとやはり二〇〇年近く遅れている。

第四に政治革命である。明治憲法ができたのは一八八九年で、これも自由民権運動を弾圧したうえでの変革であり、「革命」とはいえず、疑似的変革である。大きい民主的変革がおこなわれたのは第二次大戦で日本が敗北した後の、一九四七年の日本国憲法の施行後である。これも欧米に二〇〇年近く遅れているし、民主主義や人権面で遅れを取り戻せてはいない。

第五に、人類が人工衛星で地球を抜け出して月まで行ったのは一九六九年になるが、宇宙ロケットについては、今や国際競争だけではなく、国際協力を実施しなければならない時期である。最近の国際宇宙ステーションなどはその一つであり、日本でも小惑星にハヤブサ、ハヤブサⅡを往復させることができ、宇宙開発の面では、欧米に近づいている。

第六は原子力であるが、これは原子力発電所でもまだ人類が十分に原子力エネルギーを制御することができず、原発事故などが起これば人類は大きい被害をこうむることになる。チェルノブイリ事故（一九八九年）や福島での原発事故（二〇一一年）はその典型である。核兵器については、第二次世界大戦末期の一九四五年八月に広島、長崎に初の原爆が投下されたが、本来人類が核兵器を保有して戦争で使うこと自体、認められるべきではない。

第七に、最近になって二〇世紀末から二一世紀初頭にかけて、世界の政治・経済・文化のグローバル化の中で進行しているＩＴ革命は、コンピュータや携帯電話、インターネット、ＳＮＳ、ＡＩなど現在進行形で、人類全体が使用を発展させている最中である。

このように「革命」をキーワードにして日本の歴史を縦断的に俯瞰してみると、日本は、他の国に二〇〇〇年程度遅れた部分が少なくないが、今の世界ではＩＴ革命などは一斉にスタートしたところであり、競争と同時に協力が重要になっている。

第二節　日本史の時代区分について

この章の冒頭にあげたような細切れの時代区分では人類学はわかりにくいので、斎藤成也教授は、特徴的地名を時代区分のツールにして、次のような時代区分をしている。

ヤポネシア時代（三万五〇〇〇年間、後期旧石器時代から縄文時代の終わりまで）
ハカタ時代（一二〇〇年間、弥生時代）
ヤマト時代（六〇〇年間、古墳時代から奈良時代まで）
平安京時代（八〇〇年間、平安時代から戦国時代まで）
江戸東京時代（四〇〇年間、江戸時代から平成時代まで）
現代（令和時代）

つまり、六つの歴史区分で、ホモ・サピエンスの日本渡来から現代までを網羅する手法であり、日本の歴史全体を大づかみに理解する上では有用な区分といえる。

次に、この時代区分を参考にして大まかな人口数を書いていくと次のようになる。
縄文時代中期：三〇万人弱（最大値）
弥生時代末期：六〇万人
八世紀（奈良時代）：約五〇〇万人
一六〇〇年（江戸時代の初め）：一九〇〇万人
一八六八年（明治維新）：三三〇〇万人
一九四六年（第二次大戦敗戦の翌年）：七五〇〇万人
現在：約一億二五〇〇万人（人口密度は一キロ平方メートルあたり約二五〇人）

第三節　日本が直面した危機的事件

日本人は、縄文時代人のDNAの大枠を現代まで一万数千年間残している世界でも稀な国であるといえる。既に述べたように、女系のミトコンドリアDNAのハプログループでは、M7aとN9bの日本独自の縄文時代のグループが、その後弥生時代に多様化したとはいえ、現代も日本列島の三地域に相当の頻度で残されているし、男系のY染色体DNAでは、縄文時代のD2とC3、Ci、それに弥生時代に大陸や半島から入ったO2とO3の三グループを合計すると三大ハプログループで全体の九割を占める状況が現代も続いている。分子人類学的には、縄文時代のＤＮＡに加えて、弥生時代に渡来したヒトのＤＮＡを加えたＤＮＡの多様化現象が起こったが、外国の勢力によって侵略・占領されたことは、第二次大戦での敗北後の六年間を除いてなかった。

しかし、日本の歴史に侵略や占領にさらされる「危機的な瞬間」がなかったかというと、数回はあったと答えざるをえない。

（一）白村江の戦い：これは紀元六六三年に朝鮮半島の白村江（現在の錦江）で起こった倭の軍隊と唐（中国）、新羅（朝鮮）の連合軍の戦闘で、日本が船隊を組んで派遣した軍隊は、約十数万の唐と新羅の連合軍によって完膚なきまでに打ちのめされ、完敗を喫した。日本の中大兄皇子（天智天皇）が九州から派遣した軍隊は、日本と良好な関係にある百済が連合軍の圧力・攻撃で滅亡の危機に遭遇したため、大量の援軍を送ったものだが、陸上でも水上でも大敗し、残った兵士は九州に逃げ帰った。このあと百済の官人・文人らは多数日本に亡命するが、即位した天智天皇は、近江に遷都するとともに、九州（大宰府一帯や対馬）から中国地方にさまざまな防禦壁を張り巡らせた。その後、新羅と唐の間で衝突が起こり、唐の軍勢は朝鮮半島から引揚げざるをえなくなり、倭とは戦闘は起こらなかった。倭の側は天智天皇の死後、後の天武天皇と大友皇子（天智天皇の息子）との間で「壬申の乱」が起こった。「壬申の乱」は、中部地方の援軍に支援された天武天皇側が短期間で圧勝し、大友皇子は自刃、都は志賀から大和に戻された。

（二）元寇（蒙古の襲来）：鎌倉時代の一三世紀後半に、チンギス・ハンの後継者であるフビライ（中国が本拠地）と朝鮮の高麗の軍隊が、鎌倉幕府に服従を迫って、一二七四年（文永）と一二八一年（弘安）の二度にわたり、大船隊を率いて博多付近に押し寄せた。しかし、西日本の軍勢が鎌倉幕府の北条時宗の指示を受けて粘り強く応戦したうえ、台風が吹いて（「神風」）、元の軍勢は退散した。このため、次の明の創始者も日本に戦争をしかけることはなかった。

（三）豊臣秀吉のキリシタン追放：戦国時代の関白・豊臣秀吉は、一六世紀末にキリシタン禁令を出して、宣教師らを追放するとともに、カトリックの「聖人」二六人を処刑した。秀吉は、ポルトガル政府がキリスト教を隠れ蓑にして九州の大名らをキリシタンにし、日本を西欧の植民地にしようとしていることを見抜き、織田信長の宣教師優遇政策を転換させた。このキリシタン禁令政策は江戸時代の徳川家康にも引き継がれ、鎖国の大きい要因となった。もし、宣教師らを放置しておいたら、日本は、他のアジア諸国と同様に西欧の植民地にされた可能性があったかもしれないといわれる。江戸時代初めの一六三〇年代には、長崎県と熊本県の「島原の乱」でキリシタンと結んだ百姓一揆を鎮圧し、これを機に幕末まで続く鎖国令が出された。

（四）黒船来航：一八五三年、アメリカのペリー提督が率いる四隻の軍艦（黒船）が江戸に近い浦賀にやってきて、日本に開国を迫る出来事が起こった。黒船は翌年もやってきて、日本に圧力をかけ開国させた。江戸幕府は、中国のアヘン戦争（一八四〇年から二年間）の結末を知っていたので、鎖国に固執せず、米英諸国と和親条約を結んだ。この一五年後に日本は明治維新を迎える。

（五）日露戦争：一九〇四〜〇五年に日本とロシアの軍隊は「満州」の一帯で覇権をめぐって戦争に入った。日本は陸軍が旅順や二〇三高地を陥落させるとともに、海軍が日本海海戦で勝利し、米国の仲介でポーツマス条約を締結し、樺太の南半分を日本に割譲させるなどの譲歩を勝ち取った。しかし、ロシアにはまだ戦力は残されており、ロシアは国内の反政府気運がなければ戦争継続という選択肢もあっただろうといわれる。

（六）太平洋戦争での敗戦：日本は、満州事変（一九三一年）後、中国大陸での占領を拡大する一方、アジア諸国を西欧列強の支配から奪い取るとともに、一九四一年末に真珠湾・シンガポール攻撃をしかけて米英などの連合軍との戦争状態に陥った。初戦で勝利した日本軍は翌年にはミッドウエー海戦で米軍に敗北し、各地で連合軍に圧倒されるとともに、ソ連の対日参戦、アメリカによる広島・長崎への原爆投下も招き、一九四五年八月無条件降伏を受け入れざるを得なくされた。米軍は、一九五一年の講和条約調印まで六年間日本占領を続けた。しかし、米軍の統治下で一九四七年施行の民主的な日本国憲法が施行された。

以上のように、日本は、歴史時代に入って何度も戦争などで敗北・占領される危機にさらされながらも、なんとか危機を乗り越え、決定的な占領状態が長く続き遺伝子にまで大きい影響が出ることは回避できた。

日本のアジア諸国侵略

このように、日本は、歴史時代に入って数回、外国に占領される寸前の危機を乗り越えたが、近代に入ると、むしろ日本側からアジア諸国に対する侵略が大きい問題として浮上した。

A　「文禄、慶長の役」による朝鮮出兵

戦国時代末期の一五九〇年代に関白として君臨した豊臣秀吉は、明の冊封国であった朝鮮に一〇万人以上の軍隊を送って、小西行長、加藤清正らの指揮下に、朝鮮全土を野蛮に破壊、蹂躙した。一六世紀の世界最大の戦争である「文禄、慶長の役」である。秀吉の病死もあって戦争は長くは続かなかったが、アジアに対する野蛮な出兵の前例になった。

B　一五年戦争と満州と中国大陸占領、日本の敗戦

二〇世紀初めの日露戦争で、日本の明治政府は、旅順などの満州侵略に乗り出したあと、一九一〇～四五年の三五年間朝鮮を植民地属国として支配した。これに次いで、一九三一年には満州事変を引き起こして中国東北部に多数の軍隊、植民者を送り、続いて、中国本土に派兵して植民地主義、帝国主義の侵略戦争を引き起こした。この戦争は、一九四一年米英仏蘭などに対する第二次大戦に発展し、東アジアと東南アジア一帯が日本の占領支配下におかれた。しかし、この野蛮な戦争は日本の敗北に終わり、一九四五年八月に日本は連合軍に無条件降伏をした、日本はアメリカの占領下におかれ、一九五一年まで占領支配された。また第二次世界大戦末期には、日本の広島、長崎に米国によって原爆が投下され、三〇万人もの住民が死亡した。第二次大戦での日本人の死者は三一〇万人に上り、アジア諸国ではその数倍の人々を死亡させた。

米軍の占領下では、一九四七年に日本国憲法が施行され、日本は民主国家となったが、同時に日米安保条約が結ばれて、日本（特に沖縄）には米軍基地がたくさん残された。こうした状況は日本人のＤＮＡにも少なからぬ影響を与えずにはおかなかった。

Ｃ　米軍の朝鮮戦争、ベトナム戦争、中東・アフガン戦争への協力

第二次大戦後、アメリカは、アジアで、朝鮮戦争、ベトナム戦争、アフガン・中東戦争と相次いで戦争をおこなった。日本は、軍隊の保持を禁ずる憲法九条によって軍隊（自衛隊）を直接派遣することはできなかったが、これらのアメリカの主導する戦争に出撃・発進基地となり、また巨費を投じて協力した。

第六章　日本語の起源について

第一節　日本語の起源についての代表的な説

この本の第一部第四章で簡単に記述したが、現生人類（ホモ・サピエンス）は、遅くとも「出アフリカ」の時点（六、七万年前）には、かなり成熟した言語を自分のものにしていた可能性が強い。人類が、ユーラシア大陸をはじめ全世界に拡散していく過程で、長期にわたってさまざまな試練に直面し、それを乗り越えるために、言語はＤＮＡのハプログループと同様に多様化、複雑化し、磨きのかかったものになっていった。

従って、ホモ・サピエンスが三万八〇〇〇年前にユーラシア大陸の東端の日本列島に辿り着くころには、「出アフリカ」から約二万年以上経過していたわけだから、相当成熟した言語を話していた可能性が強い。しかし、ホモ・サピエンスは五月雨式に孤島である日本列島にやってきたのだから、さまざまな言語の人びとが、日本語の祖語を基軸としながら混在し、相互に試行錯誤しながら新しい言語を作っていった面が強いと考えられる。

後期旧石器時代、あるいはその後の縄文時代のＤＮＡを持って日本列島に入って来た人びとは、大陸で迫害されたり、生活が困難に陥ったりして避難先として新天地にやってきた人が多かった。したがって、彼らは、相互に協力しながら交流し、DNAの女系ミトコンドリアでも男系Y染色体でも次第に少数のハプログループに統合していった。日本語は縄文時代の一万二〇〇〇年以上をかけて、徐々に自立し完成した言語に近づいていったと想像できる。

ただ、記録のまったくない時代のことだから、どのような過程を経て、日本語が形成、成熟していったかは確かめようがない。縄文時代初期から一万五〇〇〇年経た現在では、日本語は初期とはまったく異なるだろうから、ルーツを探すには、試行錯誤しながら複数の日本語祖語を発見する課題を追求していくしかない。縄文以前の後期旧石器時代の日本列島の言語となると、共通語が存在したかどうか追求するのさえ困難といえる。

一つは、現在の日本語は明治時代以来の東京方言を中心とした言文一致運動の中で作られたもので、共通語としてマスコミや学術・文芸、仕事や生活等で使う標準語、方言を実用化していったものなので、近隣の言語に祖語を探し、歴史上の古語に遡って手がかりを探ることが重要であろう。しかし、明治から一五〇年以上努力した結果、日本の周囲に明確な近縁語が見当たらないために、インド・ヨーロッパ語のように比較言語学によって、系統関係をつきとめることは容易ではない。また、さまざまな多数の言語学者、国語学者たちが、周辺の言語との系統関係を整理・比較・発見しようと懸命の努力をしてきたが、いずれも試行錯誤の域を脱け出すことはできず、日本語の起源発見の手がかりは掴めていない。

そこで、ここでは、そうした先人たちの試行錯誤について整理しながら、現在の日本語起源を探る研究がどのような段階にあるか判断し、今後どのように研究していくべきか考察してみることにしたい。

次の問題は、縄文時代に形ができた日本語の祖語がどこかにあったかどうかである。縄文時代に北方、朝鮮半島、南方などさまざまなルートを辿って日本列島に到達した渡来人（日本人）は、それぞれの出発地点に自分自身の祖語をもっていたはずである。それは一ヵ所ではなくシベリア方面から沿海州、朝鮮列島、中国大陸の一帯、あるいは台湾から東南アジア方面の国々のどこかの数ヵ所である可能性もある。今のところ、研究者によってその祖語が何語であるか異なっていて決定打はないが、ツングース語などのアルタイ語系統、旧満州からアムール川一帯のギリヤーク語系統、中国の西遼河地域言語などを祖語の候補地としてあげる言語学者が多いようである。日本語と現在もっとも近縁な言語として多く名のあがる現代語は、朝鮮語、アイヌ語、ギリヤーク語であるが、いずれも分岐したのは五〇〇〇年以上前の可能性が強く、音素、語彙、文法などの面で決定的に同系統といえるものはないという指摘が強い。あるいは遠い昔はこれらの言語や日本語と共通の祖語が大陸や半島、南方方面にあったが、今は消えてしまった可能性があるという主張もある。

滋賀県立大学の崎山理《おさむ》名誉教授（言語人類学）は、日本語について、アルタイ語系のツングース語（東シベリア）を基本語順や文法の点で取り入れ、他方南方系のオーストロネシア語を語彙や接頭辞の点で取り入れた「混合言語」だと主張している。

崎山名誉教授は、オーストロネシア語をフィールドワークで研究し、現代ツングース語と合わせて、日本語は主語＋目的語＋動詞の語順で使用し文法面でもツングース語に近いが、語彙や助詞、接頭辞ではオーストロネシア語との類縁性が深いと指摘している。そして、一九九〇年に出版した編著書『日本語の形成』では、「一般的な認識としては、日本語の語順や後置詞は北方系、開音節であることや語彙の一部は南方系とみなされている」「接辞、助詞、語幹形成素の類を北方の言語のみならず、オーストロネシア語族からも受け継いで日本語が形成されたとするならば、日本語は『混合言語』としか定義しようがない」と述べている。

同名誉教授はまた、日本語が「混合言語」であることは、エフゲニー・ポリワーノフというロシアの言語学者がすでに一九二〇年代に指摘していること、日本語の系統論が困難視されるのは、直接的には民族語としての歴史の古さによるものであることを明らかにしている。

また、順天堂大学の村山七郎教授（言語学）は、「朝鮮語とツングース語との関係も、日本語とツングース語との系統上の関係と同様密接です。日本語、朝鮮語、ツングース語のこれら三つの言語の相互関係の研究がこれからクローズアップされるのではないか」「図式的な言い方ですが、アルタイ言語学、南島言語学、それに奈良時代の日本語の研究――この三つこそが日本語系統問題の問題解決のキーを与えるのではないか」（『日本語の起源』）と指摘している。

しかし、同時に、日本語とアルタイ語系統の近縁性を否定する研究者も少なくなく、日本語・朝鮮語・アイヌ語の研究者からは、これらの言語が決して近縁のものではないという指摘がされている（金田一京助、知里真志保、崎谷満など）。

言語学者の松本克己・静岡県立大学名誉教授は次のように指摘している。「日本語の場合、基礎語彙のレベルで同系関係が確かめられるというような言語はこれまでまったく見つかっていません。この意味で、従来の歴史・比較言語学の立場からは、日本語は外部に確実な同系言語を持たない、つまり系統的に孤立した言語として位置づけられてきた」、「現在ユーラシアには、このような系統的孤立言語とされるものが一〇個近く数えられるのですが、その半数近くがこの日本列島とその周辺に集中しています」。

松本氏が「孤立言語」とするものには、日本語の他に、朝鮮語、アイヌ語、ギリヤーク語（別名ニヴフ語、アムール川流域と樺太で話されている）などが含まれており、また、イベリア半島のバスク語などもこの孤立語とされている。

松本氏はまた、こんな指摘をしている。「日本語の系統または起源という問題は、今から一〇〇年も前から内外の大勢の学者が取り組んできて、未だに決着のつかない難問とされてきました」「もっぱら語彙レベルの類似性という在来の手法では、日本語の系統問題はこの先一〇〇年続けても解決の見込みはつかないでしょう」（『ことばをめぐる諸問題』）

第二節　縄文語の探求と太平洋沿岸言語圏

言語学者の小泉保・関西外語大学名誉教授は、次のように主張している。

「類似しているとおもわれる語彙や文法特徴をいかほど数え上げて、その親族関係を主張しあっても、規則的音声対応が取り出せないかぎり、水掛け論に終始することになるであろう」

「弥生語の一代前の縄文語は、弥生語の特色を説明できるものでなければならないと思う。その特色とは専門的に言えば、方言分布、アクセントの発出、特殊仮名遣いの成立、連濁現象、四つのカナの問題などである。こうした問題を解くカギが縄文語の中に隠されているに相違ないであろう。……こうした音声的諸事項の因子をはぐくんだ縄文語の実態を明らかにしなければならない」

そして、小泉氏は、「日本語の歴史は、縄文語を後期、中期、前期と順に遡ることにより体系づけられるものと信じている」と述べて、「弥生期の言語と縄文期の言語の間に血脈の断絶があったと決めてかかっていた研究者」の「憶説」を批判し、「原縄文語」からはじめて、「表日本縄文語」「裏日本縄文語」→「原弥生語」→弥生語→関西語というふうに辿っていく。また日本の各地方の方言をたどり、琉球諸方言へもたどりつく、という。

小泉氏は「要するに、日本語は縄文文化とともに始まったと考えている。そして一万年にわたる伝統をもっていることになろう。これは島国という立地条件に負うところが大きい」と強調している。小泉氏によれば、縄文晩期の言葉に辿り着ければ、縄文前期＝原日本語に辿りつくのも難しくはないとして、方言の中から古い特徴を探していく。

小泉氏は、著書『縄文語の発見』の中で、「弥生語が原日本語であり、弥生語が縄文語を制圧した」という主張を「憶説」と指摘し、こう批判している。

「この憶説の欠陥は、弥生語自体の確立が明確にされていないことと、縄文語と交替したという想定が思い込みの域を出ていないということである」

「考古学や人類学が縄文時代と弥生時代は連続していると主張しているのに、系統論者は確証もないのに両者は断絶していると決めてかかっている」

琉球方言が本州から分離したのは、東大の服部四郎元教授（言語学者）によれば、一七〇〇年ほど前とされるが、小泉氏はもっとはるかに前ではないかと推定している。また、東北方言は、その祖先が縄文文化にあることを指摘している。こうした方言の研究から語源を辿る方法論も、興味深いものがある。しかし、小泉名誉教授は、興味ある方法論を示したが、自分自身で縄文語の起源を辿ることには成功していないようである。

太平洋沿岸言語圏を研究対象にしているのは、前節で紹介した松本克己名誉教授である。松本教授は、アルタイ言語などにこだわっても、成果をあげるのは困難だとして、ゲノムの存在をたどる形で、太平洋を北部と南部に分けて、「太平洋言語圏」を環太平洋的に辿り、「環太平洋諸語」の中に、北方群「環日本海言語」として、ギリヤーク語、アイヌ語、日本語、朝鮮語を分類している。太平洋沿岸言語の中には、アメリカ大陸の先住民の言語も含まれている。出アフリカ後の言語として、Y染色体の方が、ハプログループといわれる遺伝子累計の種類が少なく、それぞれの系統関係が比較的わかりやすいとして、ユーラシアとアメリカ側の双方をY染色体で分類している。しかし、松本名誉教授も、同氏の方法論でそれ以上の探求には成功していないようである。

第三節　日本語の起源に関するさまざまな説

これまでに、日本周辺とシベリア、中国大陸、南方諸島と東南アジアをふくめて、日本列島と類似する言語をもつ国の言語を日本語と対照させて、分類・列挙した言語学者、国語学者の代表例を列挙すると以下のようになる。中には、安本美典氏のように、コンピュータを使って類似した基本語彙の比較などをおこなっている研究者もいる。さまざまな言語が登場し、相互批判もおこなわれているが、念のために代表的な研究者を列挙してみたい。

アルタイ語族に所属するという説：藤岡勝二、新村出

朝鮮語と近縁：新井白石、藤井貞幹、W・G・アストン、白鳥庫吉、金沢庄三郎、服部四

郎、安本美典
アイヌ語と近縁：服部四郎、安本美典、村山七郎
アウストロネシア語の影響：新村出、泉井久之助、村山七郎、安本美典、川本崇雄、崎山理
レプチャ語と近縁：安田徳太郎
モンゴル語と近縁：小沢重男
タミール語と近縁：大野晋
モン・クメール派言語と近縁：安本美典、本多正久
混合的性質：E・D・ポリワーノフ、大野晋、安本美典、崎山理

第四節　最近の国際研究チームの発表

ドイツ・ライプツィヒのマックス・プランク進化人類学研究所を中心に、日本（高宮広土・鹿児島大学教授）、韓国、ロシア、アメリカなどの言語学者、考古学者、人類学（遺伝学）者で構成される研究チームは、二〇二一年一一月、日本語の元となる言語を最初に話したのは、約九〇〇〇年前に中国東北地方の西遼河流域に住んでいたキビ・アワ栽培の農民だったとする論文を発表した。英語の科学雑誌『ネイチャー』が掲載したもので、日本の「毎日新聞」（二〇

二一年一一月二二日付夕刊）などが報道した。

それによると、この西遼河流域の農耕民は数千年かけて、アムール地方や沿海州、南方の中国・遼東半島、朝鮮半島など周辺に移動し、農耕の拡散とともに言語も拡散した。日本列島へは約三〇〇〇年前に水田耕作を伴って朝鮮半島から九州北部に到達したという。そして、新たに入って来た言語は縄文人の言語に置き換わり、古い言語はアイヌ語となって孤立して残った。沖縄には一一世紀のグスク時代に農耕と琉球語をもって移住し、それ以前の言語に置き換わったとしている。

これも一種の新説として、弥生時代初めに縄文語から「置換したもの」として注目される。しかし、『ネイチャー』誌、マックス・プランク進化人類学研究所とも権威ある雑誌・機関であるが、他の言語が日本の縄文時代の言語に置換したという説は他にもあり、簡単に置換が起きるかどうか疑問であり、分子人類学の指摘とは異なる。また、中国東北部を日本語の起源地としているが、中国東北部には日本語祖語にあたる言語は残っておらず、朝鮮語との関係も未解明のままである。

いずれにしても、言語は五〇〇〇年以上経てば、すっかり別の言語に変わってしまうという言語学的に確認された法則があり、日本語の祖語とみられる言語も存在しない現状では、マックス・プランク進化人類学研究所の指摘の是非は確かめようがない。

第五節　日本語のルーツに関する今後の課題

今後の課題としては、これまで述べたことの総括に立って、日本の先史時代の言語のルーツを深く辛抱強く追求することが重要な課題である。

ここで気になっていることの一つは、人類学研究者の崎谷満氏が日本の長崎県と西九州が日本語の原点ではないかと繰り返し指摘していることである。崎谷満氏はこう指摘する。「他方（Y染色体のD2系統）は、北方方面へ向かい、朝鮮半島を経て西九州へ到達したと推察される。したがって西九州は、ある意味では、日本列島における縄文文化の創始に関する地域であった可能性がある」

「言語の点からいっても、西九州語の長崎語は、日本語諸語の中にあって、もっとも古い言語体系を温存している。下二段活用、敬語法rasu、形容詞語尾saなど他の日本語諸語ですでに喪失してしまった古い日本語の言語的特徴、それも最古の万葉時代の上代奈良語にもみられた古い特徴を今に伝えているのが長崎語である。九州語間には言語的差異が大きいことが知られているが、それは一般に言語生成の地であるということを考慮すると日本語が形成された地は九州であるとの推測がなりたつ。渡来系弥生人（O2b）でなく、縄文系ヒト集団（D2系統）が日本語を持ち込んだ可能性が考えられる」

「西九州・西海地域にみられるキリシタン集落で、その宗教的伝統には土着的な性格が色濃い」（『DNAでたどる一〇万年の旅』）

この問題は、崎谷氏が自身の個人的研究経験で痛感したことらしいが、その特徴と問題点をもっと深める人が出ることが期待される。

日本語と朝鮮語の近縁性についての服部四郎説

服部四郎博士（言語学者）は日本語と朝鮮語、アイヌ語等の近縁性について次のように語っている。「日本語、アイヌ語、朝鮮語、ギリヤーク語、これらの言語は系統的に近いことを証明されていないが、そうかといって、欧州の言語などと比べると、まったく遠いともいえない」「従来、アイヌ語は日本語と関係がないように説かれたが、遠い親族関係がある蓋然性が明らかになった」「日本語と朝鮮語との言語年代平均距離が四八〇〇年以下ではありえない。だから、この南朝鮮に残った民族の言語は、その後朝鮮語に消されてしまった。即ち、言語の取り換えが起こった、としなければならない」「日本語は五、六〇〇〇年前に朝鮮語と分かれ……紀元前数百年前頃から渡来した勝れた外来文化たる弥生式文化の大きい影響のもとに日本祖語へと発達した」（『日本語の系統』）

つまり服部博士は、日本語と朝鮮語は分岐する時期が五〇〇〇年以上前のために、近縁性が極めて希薄になったという捉え方をしているようである。このことは、さまざまな面からよく検証する必要があるだろう。

同時に、松本克己教授の日本語と朝鮮語に関する次のような指摘も念頭におく必要があるであろう。

「日本語と朝鮮語の稲作語彙は互いに様相を異にするだけでなく、東アジア稲作圏全体の中で全く孤立しているということです。これは、東アジア北方域への稲作の伝播が、南方世界への拡散とは全く違った形で行われたことを示唆すると言ってよいでしょう。長江流域に発祥した稲作語彙が古い日本語の中に全く見られないとすれば、列島へのイネの伝来はこれまで通説とされてきたような〝稲作渡来民〟によってもたらされたものではなく、何らかのきっかけでイネという作物に接した列島人がそれを自主的に受容し育て上げた結果だと見なければなりません」（『ことばをめぐる諸問題』）

いずれにせよ、日本語の起源を探る試行錯誤は、今後も続くであろう。

第七章　日本人起源論の系譜

第一節　明治初頭の外国人の「日本人起源論」

日本人起源論は、明治維新前後、日本と関係した欧米人によって提唱されたのが、最初であった。江戸時代までは、日本人がどのようにして誕生し、どのような歴史を辿ってきたか科学的に学説が提起されたことはなく、明治維新の文明開化によって初めて「人類の起源」と「日本人の起源」という二つの不即不離の事柄の科学的追求の発想が生まれた。日本の鎖国からの開国によって、科学的発想をする外国人が日本で学術的な研究と発表をする環境が生まれ、初めて論議が可能になったからである。明治維新の一八六八年は、イギリス人のダーウィンが『種の起源』を出版する数年後で、当然同書の日本語への翻訳書は出版されておらず、まず「人類」でなく「日本人の起源」についての学説が発表された。

最初に、「日本人の起源」についての学説を発表したのは、江戸時代の幕末に長崎（の出島）に滞在して、蘭方医学を日本人に教授していたドイツ人医師のフランツ・フォン・シーボルトと、のちに来日した彼の次男のハインリッヒ・フォン・シーボルトであった。父のフランツ・

フォン・シーボルトはドイツ人だが、「山岳地帯出身のオランダ人」と日本の通詞をごまかし、長崎の出島に医官として滞在した。シーボルトは、長崎で医学を日本人に教えただけでなく、日本滞在中に日本地図を入手し地理の研究をしたり、博物学者として珍しい日本の動植物を集めたりした。シーボルトは、幕末の「シーボルト事件」（国禁の日本地図のコピーを国外に持ち出そうとして一八二八年に国外追放処分を受けた）の後に一旦オランダ、ドイツに引き揚げ、日本の事情についてライデン大学に資料を寄贈したり著書を出版したりしたが、幕末に再び二人の息子とともに訪日した。長男のアレクサンダー・フォン・シーボルトは幕末から明治にかけて日本語と欧米語の通訳として活躍し、伊藤博文初代首相がドイツで大日本帝国憲法作成について研究するのを援助したり、パリ万国博（一八六七年）に派遣された渋沢栄一と親交を結んだりした。父親のシーボルトは、日本の先史時代について論文を発表した。

論文の中で、シーボルトは日本人の起源についての見解を発表したが、その内容は、アイヌ人の祖先集団がもともと日本列島全体に住んでいたが、その後ユーラシア大陸から渡来した人びとが日本列島の中央部と南部に進出し、アイヌの祖先が日本列島の北部を中心に住みついたというものだった。これは日本の人類集団の一部が外国人によって置き換わったという「置換説」であった。この説は、明治時代初期に人骨の研究をおこなった東京帝大医学部の解剖学者・小金井良精《よしきよ》＝人類学研究者らによって支持された。

シーボルトの次男のハインリッヒは、父親の考古学、博物学を引き継いで、貝塚の研究をしたり、『考古説略』と題する日本で初めて「考古」という言葉を使った著書を出版したりした。またハインリッヒは、明治六（一八七三）年のウィーン万国博覧会と前後して、日本の仏教や古美術品を収集し出品したが、考古学的学説は父親の祖述だった。

次に登場するのは、米国人で東京帝大理学部に招かれたエドワード・モース教師である。「お雇い外国人」教師の彼は、一八七七（明治一〇）年に列車の中から大森貝塚を発見し発掘するとともに、縄文土器や縄文貝塚の発見に道を開いた。また、その発掘結果を踏まえて、日本人の起源について、アイヌの祖先として別の先住民が日本列島にいたと主張した。その理由として、アイヌ人は土器を使っていなかったためだと主張した。モースは、また、東大理学部教師として帝国大学滞在中に、『日本考古学』と題する日本民族・文化起源論を出版するとともに、教鞭をとって若手の考古学者を育てた。

明治時代の日本人で、人類学の研究を本格的に始めた坪井正五郎（東京帝大理学部人類学講座の初代教授）も、モースと同様に日本人の先住民はアイヌとは別だと主張した。坪井は、その先住民について大きなフキの葉の下に住む人という意味をこめてアイヌ語で「コロボックル」と名付けた。前述の小金井良精は、人骨の形態を調べた結果、先住民の直接の子孫がアイヌ人であり、その先住民たちは世界のどの人たちとも違っているとして坪井説を批判した。そして小金井はその後、現在人の祖先である人びとは大陸から渡来したとして、北海道の南では

「置換」が起こったと主張した。
「置換」というのは、実際に明治までの世界では、数えきれないくらい世界中で起きていることなので、以下にいくつか例をあげておく。
北アメリカ大陸：コロンブスがアメリカに到達した一五世紀末以降にヨーロッパなどから大量の移民が押し掛け、北アメリカ大陸の先住民（インディアン）は西方に追いやられ、白人と黒人奴隷による先住民との置換が起こった。
中南米：原住民はインディオであったが、植民してきたスペイン人とポルトガル人に統治権を握られ、置換が起こった。
オーストラリア大陸：一八世紀からの英国の移住者によって先住民（アポリジニ）は追い詰められ、英国人移民がオーストラリア、ニュージーランドなどの統治権を掌握し、先住民のアポリジニとの置換が起こった。
アフリカ南部：ブッシュマン＝サン族は、欧州移民によりカラハリ砂漠に追いやられ、南アフリカはオランダ人、イギリス人など白人が統治し、半ば置換状態になった。黒人に対しては近年まで白人によるアパルトヘイト支配が続いてきた。
台湾先住民：漢民族の移民政策で圧迫され、台湾の先住民は高地などに追いやられ、中国による置換状態になった。
坪井正五郎については、「日本の人類学の父」と言われたが、あまり知られていないので、東大理学部の尾本恵市・元教授の著書『ヒトと文明』から若干引用しておきたい。

「日本の人類学の父と言ってよい坪井正五郎が、博物学の素養をもつ理学部出身者で、人類学の総合的性格をよくわきまえていたことは一般にはあまり知られていない。彼は江戸時代の本草学や弄石趣味の系列の素養をもち、人類に関する自然と人文の両面に好奇心を示した点で、むしろ、南方熊楠と似ていた」

「明治一七年（一八八四）、理科大学（東大理学部）の学生だった二一歳の坪井は、同志一〇人とともに『じんるいがくのとも』という団体を立ち上げた。これが、日本初の人類学の組織的活動で、数年後には、現在の日本人類学会の前身である東京人類学会に発展する。なお、世界最古の人類学会は、ダーウィンの『種の起源』の出版と同年の一八五九年にパリで創設された人類学協会で、数年後にはロンドンで人類学協会が設立されている。それよりわずか二〇数年後に、日本という極東の一角に人類学会が設立されたのは驚くべきことである」「坪井は、弱冠二一歳で人類学会を創設し、二九歳で理科大学教授、三三歳で人類学会会長と文字通り日本の人類学創設期の中心人物だった。しかし、彼は、大正二年（一九一三）、ロシアのペテルスブルクで万国学士院連合大会に出席中に急病のため、五〇歳の若さで死去してしまう」


次の外国人は、一八七六年に来日し東京帝大で医学を教え、自身も医師として天皇や顕官貴族らを診察したドイツ人のエルビン・ベルツである。ベルツは、『ベルツの日記』の筆者として有名であるが、人類学の分野でも日本人の祖先について論文を発表している。ベルツ説では、日本人の成立は三段階の移民から成り、①現在のアイヌの祖先、②華北や朝鮮半島からやってきた渡来人（長州型）、③マレー民族に似た南方系の渡来人（薩摩型）で、現在の日本人はこの三種類の渡来人の子孫の混血であるとした。ベルツの説は、後に日本人の多くが採用した「混血説」の原型をなすものであった。ベルツはまた、ドイツ語の論文で、アイヌ人と沖縄人の共通性を指摘している（アイヌ・琉球同型説）。

現在の遺伝学者の斎藤成也教授は、一〇〇年前のベルツが、その後の「二重構造モデル」に影響を与えたこと、ベルツのアイヌ・琉球同型説は一〇〇年の歴史を経て正しさが証明されたことを指摘している。

坪井正五郎に師事したが途中で置換説から東アジアを中心に野外活動を重ねて混血説に転換した人に鳥居龍蔵（東大理学部）がいる。彼の考え方は次のようであった。

①日本列島に最初に渡来したのは、アイヌの祖先集団であり、縄文文化の担い手だった。
②次に朝鮮半島、中国大陸から別系統の集団が渡来、弥生文化、古墳文化を生み出した。
③それ以外にも東南アジアなど諸地域から渡来した人たちがおり、混血が進んだ。

これは、現在の「混血説」「二重構造モデル」に近い考え方である。しかし、鳥居が考古学者、民族学者であり、東大人類学の主流から外れていたことから、東大の主流である形質人類学者たちからは、あまり注目されなかったといわれている。

第二節　大学アカデミーと日本人起源説

京大の清野教授らの混血説

明治時代の人類学の初期には、欧米の「お雇い外国人」が大学での活躍の中心だったが、明治中期から大正時代ころには東大、京大といった大学アカデミーの教授たちが、日本人起源論の中心となるようになった。

京都大学では、医学部の清野謙次教授が、一九二〇年代頃から中心となって遺跡からの人骨の発掘に取り組み、ベルツの「混血説」を受け継いだ形で、人骨のデータから混血説を唱えて有名になった。

清野らは、岡山県の津雲貝塚遺跡や愛知県の吉胡《よしご》貝塚から多数の人骨を発掘し、頭蓋骨の違いに着目して分析に挑戦した。それらの遺骨は縄文人ともアイヌとも現代日本人とも異なるとして、混血説をとった。

また札幌医科大学の松村博文教授は、歯の形質に基づいて津雲、アイヌ、現代畿内人の形質的距離を推定し、アイヌ人と現代日本人の距離は小さく、津雲貝塚出土の縄文人と現代人の距離が大きいことを指摘した。松村は歯科の視点からの混血説であるといわれる。

他方、京大出身で九州大学医学部の教授となった金関丈夫《かなせきたけお》らは、一九五〇年代に北九州や山口県の弥生人骨から、弥生人の身長が縄文人より大分高いことや、頭蓋骨の形態が縄文人と明確に違うことから、水田稲作のための渡来人と在来の日本列島人（縄文人）の混血を主張した。

長崎大学医学部の内藤芳篤教授、札幌医科大学の百々《どど》幸雄教授らも、現代日本人と大陸系の渡来人の近縁性を指摘し、混血説を主張して学会に影響を与えた。

東大教授らの変形説

京大出身者の間では「混血説」が支配的になったが、東大では初代人類学科の教授になった長谷川言人《ことんど》教授が、石器時代人と現代人の骨格形態の相違は、栄養状態など環境変化によって説明できるもので、時代の変化によるものであるという「変形説」を主張し、京大系の混血説と対立した。

長谷川の後継者の鈴木尚《ひさし》もこの変形説を受け継いだ。この東大人類学科系の主張は、日本人は古来単一民族で、混血などありえないというイデオロギー的なものもあったといわれている。東大ではこうした主張が堂々とまかり通り、往々にしてイデオロギー優先の主張になりがちだった。もちろん、鈴木尚教授らは、沖縄を含む日本列島各地で遺跡の発掘や調査をおこない、イスラエルなど海外でも発掘作業をおこない、一九八〇年代までは鈴木尚教授の変形説が日本の人類学会の通説であったのである。

埴原和郎氏の「二重構造モデル」が主流に

しかし、東大の埴原和郎教授が一九九〇年代初めに作業仮説として提唱した「二重構造モデル」が二〇〇〇年代になると日本人類学会の主流の位置を占めるようになった。これは、①旧石器時代人に繋がる東南アジア起源の縄文人が居住していた日本列島に、②約二〇〇〇年前に東北アジア起源の渡来系弥生人が流入し、③徐々に双方が混血をした、④アイヌ人と琉球人は縄文人の直接の子孫であり、北海道と琉球諸島には縄文人の系統が色濃く残ったという仮説であるが、これが変形説に飽き足らなった研究者の心をとらえたのである。

これは、稲作農民が大陸から日本に渡来する過程で在来の縄文人と混血していったという点で、従来の「混血説」の延長線上のものだったが、東南アジアと大陸の双方をにらんだスケールの大きいもので、新進の研究者にもインパクトを与えた。

同時に、この説は、旧来からの研究者である形質人類学の山口敏、池田次郎といった教授たちや人類遺伝学の尾本恵一、斎藤成也といった東大人類学の主流の教授たちからも支持された。ある意味では、この説は、ベルツが明治時代に提起していた「混血説」の延長線上のものでもあった、といえる。

第三節　分子人類学者らの「二重構造説」批判

一九九〇年代から二〇〇〇年代にかけて、東大の埴原和郎教授らによる「二重構造モデル（説）」は多くの人類学者らの支持を受けて、通説としての座を確立していった。そこには、形質人類学者に加えて分子（遺伝）人類学者らも含まれていた。

その背景には、かつての通説であった「変形説」（鈴木尚・東大教授ら）への反発が強かったために、それを批判した作業仮説である「二重構造説」（モデルから学説への格上げ）への支持という面が強く、細かい点では「二重構造説」への批判も少なくなかった。

国立遺伝学研究所の斎藤成也教授は、全体として「二重構造説」の妥当性を指摘する一方で、「変形説」を「学問をしばるもの」「現在からみると滑稽とすら感じる」と率直な感想を述べている。そして、東大でも、山口敏教授や尾本恵市教授、それに遺伝子データを解析していた徳永勝士氏、宝来聡氏らの研究も「二重構造説」を支持するものであったと述べている。同時に、斎藤教授はアイヌ・琉球同系説については、二重構造説と軌を一にするものとしつつ、縄文時代のゲノムを受け継ぐ列島各地の割合は、アイヌ人、オキナワ人、ヤマト人の順で、高い方から低い方に向かう相違点があることを強調している。

他方、国立科学博物館の篠田謙一館長（分子人類学）は、二重構造説を「定説」として受け入れられていると述べる一方で、以下のような点で問題があることを指摘している（『ＤＮＡで語る日本人起源論』）。

①埴原教授が、弥生時代に渡来した集団が一〇〇万人にも及ぶ可能性があると指摘した点で発表当座は、考古学など他の分野の反発があった（多くの関係者が、そんなに多数の集団が渡来したとは考えられない、と指摘していた）。しかし、弥生時代の開始が六〇〇年近く遡ったために、あまり多数の渡来人が一度に来なくてもよい計算になった。

②遺伝学的に縄文人の南方起源説は支持されなかった。

③アイヌや琉球列島の人々とも、北方系のアジア人集団の一部であるという結論が導かれているが、縄文人の南方起源を支持するゲノムのデータはなかった。

④北方起源についても、その場所や時期について説明されておらず、漠然とシベリアを想定するだけで不十分だった。

⑤縄文人や弥生人の起源地については不明のままになっており、未完成のままである。

⑥旧石器人が、縄文時代の中期までには、日本列島内部で均一化したと仮定しているが、そのプロセスについては言及されていない（この項は、『新版　日本人になった祖先たち』を参照した）。

しかし、こうして批判点は色々あったものの、日本人の形成に「混血」を想定することの重要性が強調されていたので、この学説は変形説に代わる学説として多くの研究者に受け入れられ、本質的な批判は起こらなかった、と篠田氏は述べている。

こうした分子人類学者の立場を受けて、形質人類学者の池田次郎・京大教授は、その著書『日本人のきた道』で次のような批判的見解を述べている。

「日本人といえば、本土の日本人、それも弥生時代以降、稲作農耕を営んだ多数派の人々をイメージし、『一つの日本人の起源』という虚像を追い求めてきた従来型の手法を脱却し、多様な地域集団で構成されている日本列島人の実態をありのままに見つめるところから私の日本人形成論は始まるのである」「二重構造説の枠組みを取り去って、新たな日本人の成立の歴史を記述する証拠は集まりつつあります。列島の地域性を説明するためには、いささか根拠の薄弱な均一の縄文人という仮説を捨て、そのスタートを列島にヒトが入ってきた後期旧石器時代までさかのぼって考え直す必要があると思います」

「無条件に均一化を受け入れるのは、アプリオリに単一な日本という概念を受け入れる偏見が含まれる」

「サイエンスは、基本的に要素を分解して解析し、結果を総合していくプロセスを経ることで、日本列島集団の成立を考えていく態度が重要である」

つまり、池田教授は、現代の日本人を地域集団の総合体として捉え、それぞれの集団ごとに成立の経緯を解明する視点の重要性を強調しているのである。

ここで、もう一人京大系の人類学研究者である崎谷満氏の「二重構造説」への根源的な批判を紹介しておきたい。崎谷氏は、「日本列島は……ルーツやルートが異なる多様な文化が共存してきた。この多様性を理解しない、ごく一部の特殊な現象のみを拡大解釈して日本列島全体に当てはめてしまおうとする過度の一般化」を批判し、二重構造モデルは「単一文化絶対主義」の立場から「基本的に後期旧石器時代集団は考慮の対象外になっている」「既存の二重構造モデル（現在では科学的仮説というよりも『二重構造神話』あるいは、二重構造主義という神話やイデオロギーの類として見ることができるようである）による思考パターンでは、フォーカスすべき対象から目を逸らす危険性が指摘される」と厳しく論述している。

崎谷氏は、このような論述をする説明として、以下のような点を強調している（『新日本人の起源―神話からDNA科学へ』）。

「後期旧石器時代の約三万六〇〇〇年程度前には現生人類が石刃文化と共に九州に到達していた。その後も後期旧石器時代を通して多くのヒト集団が流入してきた。また後期旧石器時代晩期の約二万年前には北海道に新たな細石刃文化と共に異なるヒト集団がやってきた。さらに九州には二種類の細石刃文化が流入した。（ここで、Y染色体ハプログループとミトコンドリアDNAハプログループの例を列挙して）これらの集団が日本列島のヒト集団の基本をすでに形作っていたことが想定される」

「しかし、従来の形質人類学では後期旧石器時代集団に対してはほとんど注意が払われてこなかった。『縄文人』と『弥生人』だけによって日本列島集団が構成されるとする二重構造モデルでは、このわずか二種類のヒト集団のみに日本列島集団が単純化、一般化されてしまった。非常に多様なミトコンドリアＤＮＡハプログループ分布のあり方は、『縄文人』『弥生人』という単純な二分法とは異なる思考を要求している。そして二重構造モデルでは基本的に後期旧石器時代集団は考慮の対象外になっている」

そして、崎谷氏は、「時代の流れにキャッチアップできず取り残されてしまった神話の世界」から、ＤＮＡ科学への「知のパラダイムシフトが必要なこと」を指摘している。

こういう根源的な批判でなくても、最近では、多くの若手研究者が、「二重構造説」への礼賛的言及を回避する傾向、無視する傾向が強くなっているようである。そこには、ある種の弁証法的止揚の萌芽が見られるともいえる。

第八章　今後の課題

人類と日本人が、今後できるだけ長く地球上で生存できるようにするためには、次のような方策、指針が必要である。

一、核兵器のない世界に向かって前進する

地球上には現段階で、核兵器保有国が九ヵ国ある。アメリカ、ロシア、英国、フランス、中国、インド、パキスタン、イスラエル、北朝鮮。そのほかに、核兵器の保有を狙っている国もいくつかある。

他方、日本の原水爆禁止協議会（原水協）、原水爆被害者団体協議会（被団協）等は、核兵器を二度と使用しないよう要求しているが、日本政府は佐藤栄作政権以来非核三原則（核兵器を持たず、つくらず、持ち込ませず）を約束しているものの、アメリカの核の傘の下に入っている。

国連はニューヨークの国連本部で、国連加盟国（一九三ヵ国）の約三分の二にあたる一二二ヵ国が賛成して二〇一七年七月七日に核兵器禁止条約を採択した。歴史上初めて核兵器を違法とする国際法が誕生したのである。二〇二〇年一〇月に批准国が同条約発効に必要な五〇ヵ

国に達し、二一年一月に条約は発効した。しかし、日本政府は、核兵器保有国が条約に批判的なことを理由に条約賛成のイニシアチブをとってはいない。

二〇二四年一月現在で、同条約の批准国は七〇ヵ国となり（署名国は九二ヵ国）、確固とした国際法となっている。また、二〇二二年六月には、禁止条約の第一回締約国会議がオーストリアで開かれ、核兵器のない世界の実現をめざす「ウィーン宣言」を採択している。

ところが、北朝鮮などは、核実験とミサイル発射実験を毎年、数十発もおこない、他の国に核兵器使用の脅しをかけており、また、ロシアも二〇二二年からのウクライナ侵略の中で盛んに核兵器使用の脅迫を続けている。世界全体では、米国、ロシア、中国を中心に合計二万発以上の核弾頭を保有しているとみられているが、実際の個数は明らかにされておらず、核戦争になればこれが制限なく使用され、人類が滅亡する危険性がある。

二、世界の大国が覇権主義、植民地主義をやめることが必要

アメリカをはじめとする資本主義大国も、ロシア、中国などの大国も、覇権主義、植民地主義・新植民地主義の政策をとることをやめていない。また、テロを政策手段として公然とこれに依拠している国も、中東などを中心に少なからずある。こうした政策は、大国間の戦争を勃発させる可能性があり、それは核戦争に通じる危険性がある。現に、ロシアはウクライナを侵略しているし、中国は台湾の武力侵攻の可能性を示唆している。さらに、中国は、ウイグル、

チベット、内モンゴルなどを占領統治下に置いている。また、世界には、NATO、日米安保条約のように軍事同盟を結んでいる国が多いが、非同盟を国是とする必要がある。

三、コロナウイルスのような感染症をなくすことが重要

新型コロナウイルスは二〇一九年から三年間以上も、世界をパンデミックの恐怖に陥れ、一五〇〇万人という多数の人びとが死亡した（WHO）。このような感染症は、今後も繰り返し起こる危険性は十分にある。かつての結核は、二〇世紀の半ばに克服されたが、またコレラやペスト、エボラ出血熱、マラリアなどの大規模な感染が起これば、人類は存続の危機に陥る可能性がある。抗ウイルスのワクチン等これに対抗する手段を準備する必要がある。

四、地球温暖化対策

これについては、本書第一部で述べたので省略する。

五、ジェンダー平等の推進

これは、直接人類の滅亡につながる問題ではないが、人類は猿人の時代から七〇〇万年、ホモ・サピエンスの初期から二〇万年の経験で、人類にとって、多夫多妻、一夫多妻ではなく、一夫一妻制を基本とする方向で、男女平等を確保できるよう手立てをとることが重要になって

いる。政治的にも各種議員はできるだけ男女平等で出した方がよいし、経済的にも男女は平等に賃金や年金、社会保障を享受する方向に進む必要がある。

六、絶滅危惧種保護の運動

動物、植物の相違と区分を超えて、いわゆる「絶滅危惧種」保護の運動がある。例えば、朱鷺《とき》を例にとれば、昔は日本の空をたくさん飛び回っていたのに、昭和の時代に日本の空では朱鷺は絶滅してしまい、中国の協力を得て、少しずつ朱鷺の子どもを繁殖させて、新潟県の空をとび回るようにした。同様に、渡り鳥などでも、絶滅種を減らし、危惧種を救うことは可能である。二〇二一年現在で絶滅危惧種は地球上に三万七四〇〇種以上ある。一九七五年に締結されたワシントン条約は、こうした生物の国際的取引を規制・禁止することを決めている。同条約を順守することは、種を守る第一歩である。

七、国連活動の強化

国連には、国連総会のもとに人権理事会がおかれ、二〇〇六年から活動している。人権問題では日本のジャニーズの性加害問題調査にも国連がタッチしており。国連難民高等弁務官事務所なども活発に活動している。今後、国連の役割、機構を見直し強調する必要がある。

八、少子化対策の推進

二〇二二年の日本の合計特殊出生率（女性一人が生涯に産む子どもの数）は一・二六人で、OECD平均の一・五八人を大きく下回った。このままでは日本の出生者数は毎年死亡者数を七〇万以上下回り、全国の人口は小さい県が一つ分くらい減ることになるだろう。現在一億二〇〇〇万人を超えている人口が一億人を割る年も遠くないかもしれない。

先進国の多くが人口減少になり始めているが、人口の急激な減少は様々な問題をひきおこすだろう。急激な人口減を止めるには、若者の未婚化、晩婚化を食い止め育児や教育がしやすい社会をつくることが重要だ。そのためには、全体の四割に迫りつつある非正規労働者を減らし、低賃金・不安定雇用をなくすこと、社会保障を充実させること、大学・高等教育の授業料減免、給付型奨学金の充実などの施策が必要だ。男女賃金格差の是正も急務だろう。多額の利潤を留保している大企業は、そのために応分の負担をしてほしい。

おわりに

先日の朝、新聞を開くと、チラシ広告の束の中から府中市の墓地の広告が出てきた。墓地の写真に掲載されている墓石はまばらで、大分前に撮った写真のようだ。私が四、五年前に墓石を買ったときには数が少なかったが、最近墓参りに行った時には墓石は大分増えているのを目にした。

私は間もなく八〇歳、男性の平均寿命からいっても、墓に永眠する時期が近づいている気がする。この本は、死ぬ前に仕上げるのが何年か前からの目標だったが、どうやら間に合いそうでよかった。

当初は、人類の起源と日本人の起源を、上下二冊で出版しようと思ったが、冗長な本では読者が迷惑するだろうから、一部、二部合計で一冊の本に収めることにした。類書はいろいろ出版されているが、一冊の本なら読者の負担も軽くなるだろう。

この本の執筆・出版を準備している時期は、ちょうどコロナウイルスの大流行期で、国会図書館は入館が抽選で予約制だったが、友人・知人と会うことも憚られたので、図書館に通い出版の準備に励んだ。完成のめどがついたので友人と会おうとしたら何人もが死去したり面談を断ったりし、これからの人生は「一期一会」の構えで過ごさなければと気づかされた。

　実際、私はジャーナリストを長くしていて五十ヵ国以上を駆け巡ったので、その間に会った人のことが走馬灯のように脳裏を横切った。でもよく考えてみると、私より年上の人の多くは鬼籍に入ってしまったろうし、住所や消息がわからない人も多くなっている。体調面からも気分の面からも旧友に会うためにセンチメンタル・ジャーニーをする気になれない。人生の晩年はこんなふうにやってくるものだとようやくわかった。

　でも、人生の最晩年近くに、このように書きたいことを書き残せる自分は、一昔前の戦争で特攻に動員されて命を落とした若者たちと比べたら、すごく幸せだと思わざるを得ない気がする。私は今後も人類と日本人の起源について勉強を続けたいと思っているが、読者の皆さんには、ぜひ、私の勉強の一端を玩味して頂きたい。

　閑話休題。理屈っぽい「あとがき」になってきたので、この辺で筆を置きたい。

　この本を出版するにあたって多大な協力をいただいた同時代社の川上隆社長など多くのお世話になった方に厚くお礼を申し上げたい。

二〇二四年二月　　東京・府中市で　　加藤　長

参考文献（五〇音順）

相沢忠洋『「岩宿」の発見　幻の旧石器を求めて』講談社文庫、一九七三年
相沢忠洋『赤城山麓の旧石器』講談社、一九八八年
赤澤威『ネアンデルタール人の正体』朝日新聞出版、二〇〇五年
安里達・土肥直美『沖縄人はどこから来たか』ボーダー新書、二〇一一年
安蒜政雄『旧石器時代人の知恵』新日本出版社、二〇一三年
安蒜政雄『日本旧石器時代の起源と系譜』雄山閣、二〇一七年
安蒜政雄・勅使河原彰『日本列島石器時代史への挑戦』新日本出版社、二〇一一年、
池田次郎『日本人のきた道』朝日選書、一九九八年
イ・サンヒ、コン・シン・ヨン『人類との遭遇』早川書房、二〇一八年
石弘之『感染症の世界史』角川ソフィア文庫、二〇一八年
伊谷純一郎『人類発祥の地を求めて』岩波書店、二〇一四年
今村啓爾『縄文の豊かさと限界』山川出版社、二〇〇二年
印東道子『人類大移動　アフリカからイースター島へ』朝日新聞出版、二〇一二年
印東道子『人類の移動誌』臨川書店、二〇一三年
アルフレッド・ウェゲナー『大陸と海洋の起源』講談社、二〇二〇年
上田正昭『帰化人』中公新書、一九七八年
チップ・ウォルター『人類進化七〇〇万年の物語』青土社、二〇一四年
バーナード・ウッド『人類の進化』丸善出版、二〇一四年

梅原猛『海人と天皇』（上下）朝日新聞社、一九九一年
太田博樹『遺伝人類学入門』ちくま書房、二〇一八年、
太田博樹『古代ゲノムから見たサピエンス史』吉川弘文館、二〇二三年
大野晋『日本語とタミル語』新潮社、一九八一年
大野晋『日本語の形成』岩波書店、二〇〇〇年
岡田康博『山内丸山遺跡』同成社、二〇一四年
岡田康博『縄文文化を掘る』NHKブックス、二〇〇五年
長田夏樹『邪馬台国の言語』学生社、一九七九年
小田静夫『遥かなる海上の道』青春出版社、二〇〇二年
小野昭『ネアンデルタール人　奇跡の再発見』朝日新聞出版、二〇一二年
小畑弘己『タネをまく縄文人』吉川弘文館、二〇一六年
小原嘉明『入門進化生物学』中公新書、二〇一六年
S・オッペンハイマー『人類の足跡一〇万年全史』草思社、二〇〇七年
尾本恵市『ヒトはいかにして生まれたか』講談社学術文庫、二〇一五年
尾本恵市『ヒトと文明』ちくま新書、二〇一六年
海部陽介『日本人はどこから来たのか』文藝春秋、二〇一六年
海部陽介『人類がたどってきた道』NHKブックス、二〇〇五年
海部陽介『サピエンス日本上陸　三万年前の大航海』講談社、二〇二〇年
海部陽介『人間らしさとは何か』河出書房新社、二〇二二年
金関丈夫『日本民族の起源』法政大学出版局、一九七六年
上山春平『神々の体系』中公新書、一九七五年

参考文献

河辺俊雄『人類進化概論』東大出版会、二〇一九年
『魏志倭人伝』石原道博編訳、岩波書店、一九八五年
北村雄一『ダーウィン「種の起源」を読む』化学同人、二〇〇九年
木村資生『生物進化を考える』岩波新書、一九八八年
『旧約聖書出エジプト記』関根正雄訳、岩波書店、一九八二年
ヴァイバー・クリガン＝リード『サピエンス異変』、飛鳥新社、二〇一八年
D・クリスチャン『オリジン・ストーリー　一三八億年全史』筑摩書房、二〇一九年
小泉保『縄文語の発見』青土社、一九九八年
小菅将夫『赤城山麓の三万年前のムラ　下触牛伏遺跡』新泉社、二〇〇六年
小林達雄『縄文人の世界』朝日選書、一九九六年
小林達雄『縄文の思考』ちくま新書、二〇〇八年
小林謙一『縄文はいつから!?』新泉社、二〇一一年
小林憲正『宇宙からみた生命史』ちくま新書、二〇一六年
小山修三『縄文学への道』NHKブックス、一九九六年
小山修三・岡田康博『縄文時代の商人たち』洋泉社、二〇〇〇年
坂野徹『縄文人と弥生人』中央公論新社、二〇二二年
ブライアン・サイクス『イヴの7人の娘たち』ソニーマガジンズ、二〇〇一年
斎藤成也『日本人の源流　核DNA解析でたどる』、河出文庫、二〇二三年
斎藤成也『DNAからみた日本人』ちくま新書、二〇〇五年
斎藤成也『日本列島人の歴史』岩波ジュニア新書、二〇一五年
斎藤成也『遺伝子とゲノムの進化』岩波書店、二〇〇六年

斎藤成也『人類はできそこないである』SBクリエイティブ、二〇二一年
斎藤成也『自然淘汰論から中立進化論へ』NTT出版、二〇〇九年
斎藤成也『絵でわかる人類の進化』講談社、二〇〇九年
斎藤成哉ほか『図解　人類の進化』講談社、二〇二一年
斎藤成也『DNAでわかった日本人のルーツ』別冊宝島、二〇一六年
崎谷満『新日本人の起源　神話からDNA科学へ』勉誠出版。二〇〇九年
崎谷満『DNAでたどる日本人一〇万年の旅』昭和堂、二〇〇八年
崎山理『日本語の形成』三省堂、一九九〇年
佐々木高明『日本文化の多様性』小学館、二〇〇九年
佐々木高明『稲作以前』NHKブックス、一九七九年
佐藤洋一郎『DNAが語る稲作文明』NHKブックス、一九九六年
更紗功『絶滅の人類史』NHK出版、二〇一八年
更科功『進化論はいかに進化したか』新潮社、二〇一九年
設楽博己『縄文社会と弥生社会』敬文舎、二〇一四年
設楽博美『農耕文化複合形成の考古学（上下）』雄山閣、二〇一九年
篠田謙一『人類の起源』中公新書、二〇二二年
篠田謙一『新版　日本人になった祖先たち』NHK出版、二〇一九年
篠田謙一『DNAで語る日本人起源論』岩波書店、二〇一五年
篠田謙一『江戸の骨は語る――甦った宣教師シドッチのDNA』岩波書店、二〇一八年
篠田謙一『人間らしさの起源』日経サイエンス、二〇二〇年
F・v・シーボルト『江戸参府紀行』平凡社、一九八八年

参考文献

F・v・シーボルト『アイヌ資料集第7巻（1）』北海道出版企画C、一九八〇年
パット・シップマン『ヒトとイヌがネアンデルタール人を絶滅させた』原書房、二〇一五年
島泰三『ヒト　異端のサルの1億年』中央公論新社、二〇一六年
島泰三『魚食の人類史』、NHK出版、二〇二〇年
新東晃一『南九州に栄えた縄文文化、上野原遺跡』、新泉社、二〇〇六年
カール・セーガン『百億の星と千億の生命』新潮社、二〇〇四年
関裕二『「縄文」の新常識を知れば日本の謎が解ける』PHP新書、二〇一九年
関裕二『縄文文明と中国文明』PHP新書、二〇二〇年
関裕二『古代史の正体』新潮新書、二〇二一年
高宮広土『奇跡の島々の先史学』ボーダーインク、二〇二一年
チャールズ・ダーウイン『種の起源』朝倉書店、二〇〇九年
チャールズ・ダーウイン『人間の由来』（上、下）、講談社、二〇一六年
チャールズ・ダーウイン『ビーグル号航海記』（上、中、下）岩波文庫、一九七四～七六年
イアン・タッターサル『ヒトの起源を探して』原書房、二〇一六年
竹岡俊樹『考古学崩壊』勉誠出版、二〇一四年
竹岡俊樹『旧石器時代人の歴史』講談社選書メチエ、二〇一一年
田中一郎『ガリレオ裁判』岩波新書、二〇一五年
勅使河原彰『縄文文化』新日本新書、一九九八年
ジェレミー・デジルヴァ『直立二足歩行の人類史』文藝春秋、二〇二二年
寺前直人『文明に抗した弥生の人びと』吉川弘文館、二〇一七年
中澤信午『遺伝学の誕生』中央公論社、一九八五年

中沢新一、山極寿一『未来のルーシー』青土社、二〇二〇年
中橋孝博『日本人の起源』、講談社学術文庫、二〇一九年
中橋孝博『倭人への道』吉川弘文館　二〇一五年
長浜浩明『日本人ルーツの謎を解く』展転社　二〇一〇年
中堀豊『Y染色体からみた日本人』岩波書店、二〇〇五年
西秋良宏『アフリカからアジアへ』朝日新聞出版、二〇二〇年
西秋良宏『中央アジアのネアンデルタール人』同成社、二〇二一年
『日本書紀』（上、下）講談社学術文庫、一九八八年
長谷部言人『日本人の祖先』岩波書店、一九六六年
服部四郎『日本語の系統』岩波文庫、一九九九年
埴原和郎『日本人の骨とルーツ』角川書店、一九九七年
埴原和郎『人類の進化史』講談社、二〇〇四年
埴原和郎『日本人の誕生』吉川弘文館、一九九六年
馬場悠男『大逆転！　奇跡の人類史』NHK出版、二〇一八年、
ユヴァル・ノア・ハラリ『サピエンス全史』（上、下）河出書房新社、二〇一六年
ユージン・E・ハリス『ゲノム革命――ヒト起源の真実』、早川書房、二〇一六年
ルイーズ・ハンフリー、ストリンガー『サピエンス物語』エクステレッジ、二〇一八年
クライブ・フィンレイソン『そして最後にヒトが残った』白楊社、二〇一三年
ブライアン・フェイガン『現代人の起源論争』どうぶつ社、一九九七年
平野博之『物語　遺伝学の歴史』中央公論新社、二〇二二年
広瀬和雄『前方後円墳の世界』、岩波新書、二〇一〇年

参考文献

広瀬和雄『縄文から弥生への新歴史像』、角川書店、一九九七年
福江純『カラー図解　宇宙のしくみ』、日本実業出版社、二〇〇八年
藤尾慎一郎『日本の先史時代』中公新書、二〇二一年
藤尾慎一郎・松木武彦『ここが変わる！　日本の考古学』吉川弘文館、二〇一九年
藤尾慎一郎『縄文論争』講談社選書メチエ、二〇〇二年
藤尾慎一郎『「新」弥生時代』吉川弘文館、二〇一一年
ミシェル・ブリュネ『人類の原点を求めて』原書房、二〇一二年
古田武彦『古代は輝いていた』（Ⅰ、Ⅱ）朝日新聞社、一九八四・八五年
古田武彦『失われた九州王朝』朝日新聞社、一九七三年
古田武彦『邪馬台国はなかった』朝日新聞社、一九七一年
ロバート・ヘイゼン『地球進化四六億年の物語』講談社、二〇一四年
スバンテ・ペーボ『ネアンデルタール人は私たちと交配した』文藝春秋、二〇一五年
スバンテ・ペーボ「ネアンデルタール人は生きている」『文藝春秋』二〇二三年四月号
『ベルツの日記』（上、下）エルビン・ベルツ、岩波文庫、一九七九年
ノエル・T・ボアズ『北京原人物語』青土社、二〇〇五年
宝来聡『DNA人類進化学』岩波書店、一九九七年
松木武彦『人はなぜ戦うのか』講談社選書メチエ、二〇〇一年
松本克己『世界言語の中の日本語』三省堂、二〇〇七年
松本克己『ことばをめぐる諸問題』三省堂、二〇一六年
松本清張『砂の器』、新潮文庫、二〇〇六年
宮田隆『分子からみた生物進化』講談社、二〇一四年

宮本一夫『農耕の起源を探る』吉川弘文館、二〇〇九年
嶺重慎『宇宙と生命の起源』岩波ジュニア新書、二〇〇四年
村山七郎『日本語の比較研究』三一書房、一九九五年
村山七郎・大林太良『日本語の起源』弘文堂、一九七三年
マイク・モーウッド『ホモ・フロレシエンシス』（上、下）NHK出版、二〇〇八年
森岡秀人『稲作伝来』岩波書店、二〇〇五年
安本美典『研究史　日本語の起源』勉誠出版、二〇〇九年
山口敏『日本人の生い立ち』みすず書房、一九九九年
山田康弘『老人と子供の考古学』吉川弘文館、二〇一四年
山田康弘『縄文人の死生観』角川ソフィア文庫、二〇一八年
スティーブン・ミズン『心の先史時代』青土社、一九九八年
デイビッド・ライク『交雑する人類』、NHK出版、二〇一八年
アダム・ラザフォード『ゲノムが語る人類全史』、文芸春秋、二〇一七年
バートランド・ラッセル『現代哲学』、筑摩書房、二〇一四年
サビーナ・ラデヴァ『ダーウインの「種の起源」』岩波書店、二〇一九年
クリストファー・ロイド『一三七億年の物語』文藝春秋、二〇一二年
アリス・ロバーツ『人類二〇万年――遥かなる旅路』文藝春秋、二〇一三年
若原正巳『ヒトはなぜ争うのか、進化と遺伝子から考える』新日本出版社、二〇一六年
渡辺政隆『ダーウインの遺産――進化学者の系譜』岩波書店、二〇一五年

著者略歴

加藤 長（かとう・ひさし）

1944年　山梨県生まれ。1969年　東大文学部卒業。ジャーナリスト。

ベトナム戦争中の1969年～72年　ハノイ・ベトナムの声放送局で日本語放送。

以後、新聞、雑誌などで取材と編集の仕事にあたる。海外滞在が約10年。その後、協同組合運動、高齢者運動、東京大空襲戦災資料センター建設、民医連運動などに携わる。

著書として『青春のハノイ放送』『苦悩するヨーロッパ左翼への手紙』（花伝社）、『梅の屋の若者たち』（同時代社、小説集）、『令和の葬送』（同時代社）、翻訳書として『すぐカッとなる人びと』（大月書店）などがある。

一からわかる
人類と日本人の起源

2024年2月25日　初版第1刷発行
2024年4月19日　初版第2刷発行

著　者　加藤　長
発行者　川上　隆
発行所　株式会社同時代社
〒101-0065　東京都千代田区西神田2-7-6
電話 03(3261)3149　FAX 03(3261)3237
装　丁　クリエイティブ・コンセプト
組　版　いりす
印　刷　中央精版印刷株式会社

ISBN978-4-88683-961-9